Halgoord N. Hassan

Propriedades Fisiológicas e Antioxidantes da Centella asiatica

Halgoord N. Hassan

Propriedades Fisiológicas e Antioxidantes da Centella asiatica

ScienciaScripts

Cover image: www.ingimage.com

This book is a translation from the original published under ISBN 978-3-330-34579-9.

Publisher:
Sciencia Scripts
is a trademark of
Dodo Books Indian Ocean Ltd. and OmniScriptum S.R.L publishing group

120 High Road, East Finchley, London, N2 9ED, United Kingdom
Str. Armeneasca 28/1, office 1, Chisinau MD-2012, Republic of Moldova, Europe
Printed at: see last page
ISBN: 978-620-7-63168-1

Dedicado ao meu querido pai, à minha mãe, à minha querida esposa Darya e à minha doce filha Lyan.

RECONHECIMENTO

Alhamdulillah, em primeiro lugar e acima de tudo, louvo e reconheço Alá, o mais benéfico e o mais misericordioso. Em segundo lugar, a minha mais humilde gratidão ao Santo Profeta Muhammad (que a paz esteja com ele), cujo modo de vida tem sido uma orientação contínua.

Estou profundamente grato à minha supervisora, a Dra. Fazilah Binti Abd Manan, cuja ajuda contínua, sugestões estimulantes, encorajamento e críticas construtivas ao longo do meu trabalho me ajudaram em todos os momentos da investigação e melhoraram muito o conteúdo deste documento.

Gostaria de manifestar o meu apreço ao Governo Regional do Curdistão que me proporcionou a oportunidade de estudar e concluir a minha investigação de mestrado.

Por último, mas não menos importante, a minha mais profunda gratidão aos meus queridos pais, que têm sido tão pacientes comigo ao longo dos anos. A minha mais profunda gratidão vai ainda para a minha mulher por estar comigo em todas as situações, que é a fonte da minha força. Por último, gostaria de agradecer a todos os meus amigos que me ajudaram durante este projeto de investigação.

RESUMO

A Centella asiatica L. Urban (Umbelliferea), conhecida localmente como "Pegaga", é um tipo de planta herbácea utilizada na medicina tradicional da Ásia há muitos séculos. Esta espécie tem um elevado valor medicinal derivado dos compostos fenólicos e flavonóides. Esta investigação foi realizada com o objetivo de compreender as propriedades fisiológicas e antioxidantes da *Centella asiatica* L. Urban em resposta a diferentes concentrações de fosfato. O experimento foi organizado em um projeto completamente aleatório (CRD) composto por cinco tratamentos com três repetições. Os tratamentos foram 0, 0,05, 0,1, 0,15 e 0,2 g de pentóxido de fósforo (P2O5)/kg. Os resultados das características físicas da *Centella asiatica* mostraram que o fertilizante P2O5 aumentou significativamente o peso fresco e seco das plantas a p <0,05. A maior produção de peso seco foi de 0,44±0,15 g para a planta fornecida com 0,1g de P2O5. Enquanto o menor peso seco foi registado para as plantas que não foram fornecidas com fosfato, que foi de 0,18 ±0,05 g . Da mesma forma, a maior produção de peso fresco foi de 1,7H0,61 g para o tratamento com 0,1g de P2O5, e a menor foi de 0,82±0,06 g para as plantas não tratadas. Os resultados também mostraram que o fertilizante P2O5 afecta significativamente o teor de flavonóides e fenólicos totais da *Centella asiatica.* Os constituintes flavonóides detectados foram 43,7±4,6 mg de equivalentes de quercetina/100g DW) para plantas não tratadas e 28,9±0,8 mg de equivalentes de quercetina/100g DW) para plantas tratadas com 0,1g de P2O5. O fenólico total foi (5,9H0,38 g equivalentes de ácido gálico /100g DW) para plantas não tratadas e 4,05±0,61 g equivalentes de ácido gálico /100g DW) para plantas tratadas com 0,2 g P2O5.

O fosfato nos tecidos das plantas tem uma forte correlação linear positiva com o fertilizante fosfatado. Os resultados mostram que diferentes concentrações de fosfato afectam as propriedades fisiológicas e bioquímicas das plantas.

ÍNDICE DE CONTEÚDOS:

LISTA DE ABREVIATURAS/SÍMBOLOS

%	Percentage
$\leq$	Greater than or equal
$\geq$	Less than or equal
°C	Degree celcius
µg	microgram
AE	Agronomic Effectiveness
AL^{3+}	Aluminum ion
ANOVA	Analysis of Variance
Ca	Calcium
CEC	Cation Exchange Capacity
cm	Centimetre
DNA	Deoxyribonucleic Acid
g	gram
$H_2PO_4{}^{2-}$	Dihydrogen phosphate
H_3PO^4	Phosphoric acid
$HPO_4{}^{2-}$	hydrogen phosphate
Hz	Hertz
LSD	Least Significant Difference
Mg	milligram
mg/L	milligram per liter

min	minutes
mL	milliliter
mM	millimolar
N	Normality
Na_2CO_3	Sodium carbonate
nm	*Nanometre*
P	Phosphate
P_2O_5	Phosphorus pentoxide
pH	Degree of acidity and alkalinity
PR	Phosphate Rocks
ROS	Reactive Oxygen Species
SE	Standard Error
v/v	Percent "volume in volume"
λ	Wavelength
μL	microliter

CAPÍTULO 1
INTRODUÇÃO

1.1 Antecedentes da investigação

Cerca de 1200 espécies de plantas superiores das florestas da Malásia têm alegadamente utilizações medicinais. Os produtos à base de plantas, como os medicamentos à base de plantas e os alimentos saudáveis, ganharam maior popularidade entre os malaios e, até à data, foram utilizadas cerca de 200 espécies para estes fins. De acordo com os dados obtidos em 4000 lojas de ervas chinesas, o valor anual das vendas na Malásia atingiu 500 milhões de dólares em 1994 e o valor de mercado estimado da medicina tradicional situou-se entre 1 e 2 mil milhões de dólares em 1995 (Joy et al., 1998).

A Centella asiatica é uma das plantas medicinais mais importantes que têm sido utilizadas como medicina tradicional na Malásia. O potencial da *Centella asiatica* como um antioxidante natural alternativo e a utilização desta planta para proteção contra alterações relacionadas com a idade no sistema de defesa antioxidante do cérebro aumentaram notavelmente nos últimos anos (Subathra *et al.,* 2005). Foi encontrada na *Centella asiatica* uma variedade de componentes bioquímicos, tais como diferentes metabolitos secundários. Os constituintes químicos da *Centella asiatica* têm papéis importantes em aplicações medicinais e nutracêuticas derivadas dos seus componentes biologicamente activos (Hashim, 2011). Devido à sua importância, têm sido utilizados como um componente biomarcador para a avaliação da qualidade da *Centella* (Dash *et al.*, 2011).

Em geral, o crescimento e o desenvolvimento das plantas dependem de variantes ambientais como a temperatura, a disponibilidade de água, a intensidade da luz e os metais de base. Por conseguinte, uma inspeção cuidadosa do crescimento das plantas pode ajudar a identificar um stress específico de nutrientes. Se uma planta tem falta de um determinado nutriente, podem aparecer sintomas visíveis (Burdon, 1987). Os sintomas de carência de nutrientes não aparecem diretamente. Em vez disso, os processos normais da planta são desequilibrados pela acumulação de alguns compostos orgânicos e pela escassez de outros, levando a condições anormais. A avaliação visual do stress nutricional não é suficiente e deve ser utilizada apenas como complemento de outras técnicas de diagnóstico, como a análise do solo e das plantas (Crawford, 2008).

Os sintomas de carência de nutrientes fazem com que a planta não funcione corretamente. Neste caso, teria sido útil aplicar fertilizantes antes do aparecimento dos sintomas. Uma vez que o objetivo é introduzir o nutriente limitante na planta o mais rapidamente possível, os nutrientes podem ser fornecidos através de aplicações foliares ou de adubações laterais (O'Sullivan *et al.,* 1997).

O fósforo (P) é um dos elementos mais importantes entre muitos nutrientes inorgânicos que afectam significativamente o crescimento e o metabolismo das plantas. O fósforo é um pilar importante no metabolismo e na energia vital dos ácidos nucleicos e no desenvolvimento das membranas. O fósforo também desempenha um papel importante no processo de fotossíntese e respiração, e na organização de uma série de enzimas (Schaffert et *al.,* 1999). As plantas absorvem o fósforo sob a forma de ortofosfato. Em caso de carência de fosfato, o crescimento das plantas é retardado e atrofiado, e as folhas mais velhas apresentam uma coloração púrpura, sobretudo na parte inferior.

A falta de fosfato é o principal obstáculo para as plantas, e este problema tem sido observado, especialmente nos campos agrícolas de muitos países em todo o mundo. Isto afecta as plantas em muitas circunstâncias, incluindo o crescimento, o desenvolvimento e a produção de muitos metabolitos importantes. Estas condições também afectam a produção de antioxidantes nas plantas. Para sobreviver em várias condições ambientais, as plantas têm de possuir determinados mecanismos de adaptação física e química.

A componente nutricional e mineral é também um fator importante na determinação da qualidade das ervas. O estudo de Caris-Veyrat *et al.* (2004) indicou que a composição nutricional das plantas durante a maturação foi influenciada por factores como a genética, as práticas agronómicas, a região e a taxa de crescimento, a variedade e as condições climáticas. O excesso de fosfato não terá um efeito direto sobre a planta. O excesso de fosfato pode também interferir com a nutrição normal de cálcio (Munson e Kalra, 1998).

Este estudo tem como objetivo caraterizar os aspectos fisiológicos e bioquímicos da *Centella asiatica* em diferentes concentrações de fosfato e estudar a relação entre as concentrações de fosfato e a produção de antioxidantes.

1.2 Importância do estudo

Este estudo tenta determinar as respostas fisiológicas e bioquímicas da *Centella asiatica* a diferentes níveis de fosfato. Embora esta espécie esteja exposta ao stress de fosfato, não foram realizados estudos que analisassem em pormenor esta questão

1.3 Objectivos da investigação

1) Caracterizar os aspectos fisiológicos da *Centella asiatica* sob diferentes concentrações de fosfato.
2) Analisar as propriedades antioxidantes da *Centella asiatica* sob diferentes concentrações de fosfato.
3) Determinar a concentração de fosfato nos tecidos vegetais.

1.4 Declaração do problema

A deficiência de fosfato é um fator limitante importante em muitos solos ácidos da Malásia. A quantidade de fosfato nestes solos ou é inerentemente baixa ou está fixada em formas que não estão disponíveis para as plantas (Pushparajah et *al.,* 1990). O baixo nível de fosfato no solo afecta normalmente o crescimento e o desenvolvimento das plantas. A produção de metabolitos secundários e também o nível de antioxidantes das plantas serão alterados sob stress de fosfato.

1.5 Âmbito da investigação

Nesta investigação, a capacidade da *Centella asiatica* para lidar com a deficiência de fosfato e as alterações que ocorreram durante o stress de fosfato foram estudadas através da investigação de características fisiológicas (peso fresco, peso seco e a relação raiz-raiz). Foram caracterizadas as propriedades antioxidantes representadas pela determinação de fenólicos totais, flavonóides totais e nível de fosfato nos tecidos das plantas.

CAPÍTULO 2

REVISÃO DA LITERATURA

2.1 Descrição da *Centella asiatica*

A Centella asiatica L. pertence à família Apiaceae ou Umbelliferae, as plantas que crescem na orla dos terrenos agrícolas e nas margens dos rios. A planta floresce em zonas húmidas da Malásia, Indonésia, Índia e outras partes da Ásia, incluindo a China. A erva também é conhecida como "Pegaga" na Malásia, "Indian pennywort" e "Gotu Kola" na Europa e na América, "Mandookapami" na Índia, "Pegagan ou Kaki Kuda" na Indonésia e "Luei Gong Gen" ou "Tung Chain" na China (Tolkah, 1999).

Existem vários tipos de *Centella asiatica* que podem ser encontrados na Malásia, tais como Pegaga Cina ou Nyonya, Pegaga Daun Lebar, Pegaga Salad e Pegaga Renek. A utilização da *Centella* (partes inteiras da planta) em alimentos e bebidas tem aumentado ao longo dos anos, basicamente devido aos seus benefícios para a saúde, tais como antioxidantes, anti-inflamatórios, cicatrização de feridas, propriedades de melhoria da memória e muitos outros (Hashim, 2011). Afirma-se que os radicais livres desempenham um papel importante no processo de envelhecimento e são capazes de danificar muitos componentes celulares (Gulcin, 2006). O antioxidante natural da *Centella asiatica* protege as alterações relacionadas com a idade no cérebro (Subathra *et al.,* 2005).

A Centella asiatica L. é uma importante planta medicinal à base de plantas utilizada para várias aplicações (James e Dubery, 2009). Na Malásia e na Indonésia, *a Centella* é habitualmente consumida fresca como vegetal (ulam ou salada), especialmente entre as populações locais malaia e javanesa (Huda-Faujan *et al.,* 2009). As saladas são consumidas juntamente com a refeição principal e são um aperitivo. Para além de ser consumida crua, pode ser cozinhada como parte de uma sopa ou como legume principal. Devido ao seu ligeiro amargor, é sempre cozinhada e servida com a adição de leite de coco, coco ralado ou batatas (Hashim, 2011).

Uma vez que *a Centella* é uma fonte alimentar popular, está disponível em todos os mercados húmidos e supermercados da Malásia. Toda a planta, incluindo as folhas, o caule e a raiz, é consumida. É também utilizada como tónico para a saúde e transformada em bebidas cordiais e sumos prontos a beber (Adenan, 1998). *A Centella* também é normalmente utilizada para fazer chá de ervas. Uma infusão é feita deitando uma chávena de água a ferver sobre materiais secos ou frescos de *Centella* e deixando-a fermentar alguns minutos antes de beber. O chá de ervas de Centella pode ser preparado usando uma mistura de muitas plantas diferentes ou uma única planta. Acredita-se que o chá de ervas de Centella é considerado como uma fonte de actividades antioxidantes e tem muitos efeitos benéficos (Huda-Faujan *et al.,* 2009).

A Centella tem sido utilizada numa vasta gama de indústrias farmacêuticas e tem demonstrado um desempenho eficaz e altamente seguro (Loiseau e Mercier, 2006). Atualmente, nenhum estudo em humanos demonstrou qualquer efeito secundário do consumo de *Centella* (Hashim, 2011). No entanto, o uso excessivo da enzima acetilcolina esterase, que pode ser encontrada na *Centella,* pode causar efeitos secundários, incluindo náuseas, vómitos, diarreia, dor abdominal e dispepsia (Sahelian, 2011).

Domain	Eukaryota
Kingdom	Plantae
Subkingdom	Viridaeplantae
Phylum	Tracheophyta
Subphylum	Euphyllophytina
Infraphylum	Angiospermae
Class	Magnoliopsida
Subclass	Asteridae
Order	Apiales
Family	Umbelliferae
Subfamily	Mackinlayoideae
Tribe	Notocacteae
Genus	*Centella*
Specific epithet	*Asiatica* (L.)
Botanical name	Centella asiatica (L.)

Quadro 1.1 Taxonomia de Pegaga (Arora *et al.*, 2002)

2.2 Compostos Antioxidantes em *Centella asiatica.*

As plantas são uma boa fonte natural de antioxidantes. Numerosas espécies de plantas e ervas provam a existência de componentes antioxidantes e antimicrobianos nos seus tecidos (Hirasa e Takemasa, 1998). Alguns componentes fenólicos que ocorrem naturalmente são a parte básica da nossa alimentação diária e estes componentes fenólicos estão presentes em frutos, legumes, sementes, flores, nozes e em muitos extractos de ervas. De acordo com o trabalho de Velioglu et *al.* (1998), está provado que as actividades antioxidantes de numerosos frutos e legumes estão extremamente interligadas com todos os seus constituintes fenólicos. Os antioxidantes são complexos que podem impedir ou abrandar o processo de oxidação dos lípidos ou de outras moléculas, reduzindo o início ou a propagação das reacções oxidativas em cadeia.

2.2.1 Flavonóides

Os flavonóides são uma classe de metabolitos secundários das plantas. Inicialmente, os flavonóides são identificados como pigmentos que podem ser observados em diferentes flores, suítes e folhas. Podem ser de cor amarela, laranja ou vermelha e estão espalhados por todas as plantas (Middleton Jr, 1998). Até à data, foram reconhecidos 6.500 flavonóides (Boumendjel *et al.*, 2002).

Existem seis classes principais de flavonóides, incluindo flavonóis, flavanonas, flavonas, isoflavonas, flavonóis e antocianidinas, que podem ser identificadas com base na estrutura molecular da espinha dorsal (Heim et *al.*, 2002). Em algumas frutas e legumes, como bagas, maçãs, brócolos e cebolas, podem ser observados o flavonoide quercetina e o flavonoide apigenina. Normalmente, o flavonoide quercetina é consumido a partir de muitas fontes abundantes, incluindo maçãs, cebolas e chá (Holiman et *al.*, 1996).

Diferentes partes da *Centella* (folhas, pecíolo e raízes) exibiram diferentes concentrações de compostos antioxidantes totais (Zainol et al., 2003). Foi relatado que *a Centella* contém vários compostos bioactivos e foi utilizada como erva medicinal em várias culturas (Zainol et *al.*, 2003). Um estudo anterior descobriu que a quantidade de compostos flavonóides na *Centella* é de 0,361 g/100 g (Pittella et *al.*, 2009).

As propriedades da *Centella* foram recentemente objeto de investigação e relatórios anteriores mostraram que *a Centella* fornece propriedades antioxidantes em vários sistemas modelo in vitro devido ao conteúdo de triterpenóides (asiaticoside, madecassoside, ácido asiático e ácido madecássico) e fenólicos (Rafamantanana *et al.*, 2009).

Os flavonóides são lipofílicos devido à presença de grupos isopentilo e metilo e a maioria dos flavonóides encontra-se naturalmente sob a forma de glicosídeos que contêm açúcares e grupos hidroxilo que os tornam solúveis em água (Crozier *et al.*, 2009).

2.2.1.1 Funções importantes dos flavonóides

Muitos flavonóides actuam como escudo, em alguns casos os flavonóides comportam-se como um buscador de radicais livres, por exemplo, espécies reactivas de oxigénio (ROS) e nas reacções de Fenton, ROS produzidas pelo processo de quelação de metais (Namiki, 1990).

As catequinas e as flavonas provaram ser flavonóides muito dominantes, uma vez que defendem o organismo dos (ROS). Além disso, os flavonóides podem proteger o corpo contra muitas lesões originadas por reacções de radicais livres e, normalmente, actuam como eliminadores directos de radicais livres. De acordo com esta equação, os flavonóides actuam como radicais menos reactivos que apresentam maior estabilidade e são oxidados por radicais (Thomson, 2011).

$$FOH + R' \rightarrow FO' + RH$$

Nesta reação, FOH representa o flavonoide e R' representa o radical livre, FO' representa o radical livre menos reativo e RH representa uma molécula estável.

Os flavonóides protegem as plantas contra diferentes stresses bióticos e abióticos, apresentam um espetro variado de funções biológicas e desempenham um papel significativo na interação entre a planta e o seu ambiente (Pourcel et *al.,* 2007). Embora os flavonóides não participem na sobrevivência das plantas, são responsáveis pela proteção das plantas contra insectos e micróbios e dão cor à flor (Lightboum et *al.,* 2008).

De acordo com investigações anteriores, está provado que os flavonóides podem estabilizar as ROS quando reagem com o composto reativo do radical. Os radicais tornam-se imóveis devido à presença de um grupo hidroxilo nos flavonóides porque são altamente reactivos (Kamiyama e Shibamoto, 2012).

2.3 Fenólicos

Os fenólicos têm uma subclasse chamada ácido fenólico. Basicamente, o fenol é um anel aromático com pelo menos um substituinte hidroxilo. Os fenólicos incluem cerca de 8000 compostos naturais, todos eles com uma caraterística estrutural comum, como o fenol (Croteau *et al.,* 2000). As principais fontes alimentares de fenólicos são os derivados de sumos de plantas e frutos, como o café, o chá e o vinho tinto. Os chocolates, os cereais, os legumes e os frutos secos também fornecem os compostos de polifenóis (Ghasemzadeh e Ghasemzadeh, 2011).

Em muitas plantas, os compostos fenólicos são polimerizados em moléculas maiores, como as proantocianidinas e as ligninas. Além disso, os ácidos fenólicos podem surgir nas plantas sob a forma de glicosídeos ou ésteres com outros compostos naturais, como esteróis, álcoois, glucósidos e ácidos gordos hidroxilados (Croteau et al., 2000).

Estudos demonstraram que os compostos fenólicos na *Centella* contribuem para as actividades antioxidantes da planta. É interessante notar que o extrato da folha continha a maior quantidade de compostos fenólicos (8,13-11,7 g/100 g) seguido pela raiz (6,46-10,5 g/100 g) enquanto a concentração mais baixa estava no pecíolo (3,23-4,91 g/100 g) (Zainol et al., 2003).

2.3.1 Funções importantes do ácido fenólico

Os ácidos fenólicos provaram ser muito benéficos para a saúde humana devido às suas características farmacológicas e biológicas significativas. Estes compostos possuem muitos elementos importantes para a alimentação humana devido às suas potenciais actividades antioxidantes. Além disso, o ácido fenólico tem a capacidade de reduzir os danos induzidos pelo stress oxidativo nos tecidos causados por doenças crónicas e tem actividades anticancerígenas potencialmente significativas (Harris *et al.,* 2007).

A presença de um elevado teor de antioxidantes em fatos, legumes e sementes pode impedir doenças como o cancro, acidentes vasculares cerebrais e problemas coronários (Harris et al., 2007). Certos ácidos derivados de diferentes fontes de plantas mostraram actividades antibacterianas eficazes, como os ácidos cafeico, gentísico, protocatecuico, p-cumárico, ferúlico, isovanílico, p-hidroxicinâmico, p-hidroxibenzóico, siríngico, vanílico e p-hidroxibenzóico. Muitos dos ácidos fenólicos, como os derivados do ácido benzoico e cinâmico, existem em todas as plantas e alimentos derivados de plantas (frutos, legumes e cereais) (Deprez e Scalbert, 2000)

Na maioria das plantas, foram encontrados vários ácidos fenólicos durante diferentes estádios de maturação (Zohlen e Tyler, 2004). Os ácidos fenólicos também estão associados a diversas funções, incluindo a absorção de nutrientes, a atividade enzimática, a síntese de proteínas, a fotossíntese, os componentes estruturais e a alelopatia (Saxena et *al.*, 2012).

2.4 Fosfato

O fósforo (P) é considerado um dos principais componentes da biossíntese das membranas e dos ácidos nucleicos e do metabolismo energético. O P também apresenta tarefas significativas na respiração, fotossíntese e na produção de diferentes enzimas. O P influencia a taxa de crescimento e metabolismo das plantas, uma vez que este elemento é um nutriente inorgânico essencial. Em geral, O P está presente no solo sob duas formas: fosfato orgânico, proveniente dos restos de organismos vivos, como plantas e animais, e dos seus resíduos no ambiente, e fosfato mineral, sais inorgânicos de ácido fosfórico, H_3PO_4 (Pettersson *et al.*, 1988).

O fosfato orgânico e o fosfato mineral estão presentes no solo de diferentes formas. Cerca de 20 a 80% dos solos fosfatados encontram-se na forma orgânica, sendo o ácido fítico (inositol hexafosfato) o principal constituinte (Richardson, 2001). A imobilização do fosfato deve-se aos micróbios do solo que libertam a forma inativa do fosfato para a solução do solo. A curta acessibilidade do fosfato no solo maciço limita a absorção pelas plantas. Outros minerais, por exemplo, o potássio, movem-se pelo solo solúvel através de fluxo em massa e difusão, enquanto o fosfato se move geralmente através de um processo de difusão (Schachtman et *al.*, 1998).

A forma solúvel do fosfato existe no solo de acordo com o seu pH. Os valores da constante de dissociação pKs de H_3PO_4 para $H_2PO_4^{2}$ ' e depois para HPO_4^{2} ' são 2,1 e 7,2, respetivamente. As espécies monovalentes de fosfato H_2PO_4 ' mostraram ser inferiores a pH 6,0, juntamente com pequenas quantidades de H_3PO_4 e HPO_4^{2} ' (Zohlen e Tyler, 2004).

2.5 Deficiência de fosfato e o nível de antioxidantes nas plantas

A produção de flavonóides pode ser induzida pelo stress de fosfato. Por exemplo, os componentes de antocianina da *Arabidopsis thaliana* aumentam quando o fosfato é deficiente (Sanchez-Calderon *et al.*, 2006). Geralmente, quando ocorre uma deficiência de azoto e de fosfato, o crescimento da planta diminui e o teor de antocianina aumenta em comparação com uma planta com contacto suficiente com nutrientes (Hodges *et al.*, 1999).

A deficiência de fosfato que aumenta a quantidade de antocianina também foi comprovada em tomates, independentemente das condições de cultivo e variedades (Trull *et al.*, 1997). Na célula vegetal, o pH e as acções de várias enzimas influenciam a biossíntese de antocianina. No entanto, o mecanismo completo da formação de antocianina sob deficiência de fosfato exige mais investigação. A formação de fenólicos também é estimulada pela carência de enxofre, ferro, magnésio ou cálcio nos tecidos vegetais (Martin et *al.,* 1991).

Embora os elementos Pi se encontrem na gama de 0,5 a 1,5 mM, encontram-se sob a forma de sais insolúveis de ferro, alumínio e cálcio, e esterificados a moléculas orgânicas que não podem ser digeridas pela maioria dos organismos. As propriedades de determinados solos, como a troca de aniões, o pH e a abundância de ligandos específicos do solo, têm um efeito na acessibilidade do fosfato (Quisel et *al.,* 1999). Nos exsudados radiculares, um dos principais componentes são os fenólicos que facilitam os movimentos ascendentes de fontes indisponíveis nas plantas através da solubilização dos nutrientes.

Na lentilha, a deficiência de fosfato provoca um aumento da taxa de compostos fenólicos e mais complexos fenólicos foram distribuídos para as raízes. Os mesmos resultados foram relatados por Neumann et *al.* (1998) que descreveram que a deficiência de fosfato no tremoço branco aumentou a secreção de compostos fenólicos nas raízes. Os quelatos estáveis são formados por fenólicos com Al e Fe que aumentam a solubilidade dos compostos AlP e Fe-P e libertam fosfato para absorção pela planta (Richardson, 2001).

2. 6 Nível de fosfatos no solo da Malásia

Os solos da Malásia são deficientes em fosfatos disponíveis devido ao facto de a concentrações de iões ortofosfato na solução do solo (De Datta et al., 1990). A abundância de colóides de carga variável nestes solos, juntamente com o baixo pH e a baixa capacidade de troca catiónica (CEC), levou à presença de grandes quantidades de óxidos e hidróxidos de Fe e Al. A baixa quantidade de fosfato disponível exige a utilização de fertilizantes fosfatados para obter rendimentos elevados das culturas.

As rochas fosfáticas (RP) têm sido utilizadas na agricultura da Malásia desde 1930, quando foi introduzido o RP de Gafsa da Tunísia (Zaharah e Sharifuddin, 2002). Em 1950, a utilização de RP da Ilha Christmas (território australiano no Oceano Índico) tornou-se mais proeminente devido à sua maior proximidade da Malásia até 1987, altura em que a produção diminuiu. A partir dessa altura, estão a ser importadas mais fontes de RP para o mercado de fertilizantes da Malásia. As rochas fosfáticas têm sido populares porque são mais baratas do que os adubos fosfatados solúveis em água. A eficácia agronómica (EA) destas várias fontes de RP, no entanto, nunca foi avaliada em pormenor (Zaharah e Sharifuddin, 2002).

2.7 Importância do fosfato para as plantas

O fosfato constitui a composição dos ácidos nucleicos nas plantas. O fosfato desempenha um papel fundamental no crescimento de novos tecidos e na divisão celular. A complexa conversão de energia nas plantas também se deve aos elementos fosfatados. O fosfato existente no solo promove o crescimento das raízes das plantas, estimula o perfilhamento e geralmente acelera o desenvolvimento (McKenzie, 2004). A falta de fosfato nas plantas pode levar a um crescimento subdesenvolvido com características de cor verde-escura. Os pigmentos de antocianina são produzidos pela acumulação de açúcares que desenvolvem uma cor púrpura-avermelhada. O fosfato desempenha um papel fundamental na respiração e na fotossíntese (Shimada *et al.*, 2001).

2.8 Disponibilidade de fosfato

A disponibilidade de fosfato depende do pH do solo. Um baixo nível de pH no solo limita severamente a disponibilidade de fosfato, o que pode levar a uma deficiência. Normalmente, um pH do solo inferior a 5,5 diminui a disponibilidade de fosfato no solo até 30 por cento (Mohren *et al.*, 1986). O crescimento das raízes das plantas também é afetado pelo solo ácido e é fundamental para a absorção de fosfato. Valores de pH do solo inferiores a 5,5 e de 7,5 a 8,5 reduzem a acessibilidade do fosfato às plantas. A preservação da matéria orgânica é uma caraterística importante para o controlo da disponibilidade de fosfato (Jones, 2012).

A mineralização da matéria orgânica é muito importante para fornecer fosfato às culturas. Os fertilizantes à base de fosfato, composto ou outros aditivos orgânicos podem ser utilizados para tratar a insuficiência de fosfato, mas devem ser aplicadas técnicas cuidadosamente organizadas para melhorar a acessibilidade do fosfato às raízes das plantas. Os fertilizantes fosfatados são importantes para o crescimento inicial das plantas e são geralmente sugeridos como fertilizantes de arranque, que são aplicados nas linhas de cultura para obter um melhor rendimento. Outros métodos também foram utilizados para o crescimento de plântulas jovens, em que o fosfato foi fornecido às linhas de cultura a uma distância de duas polegadas (Reynolds et *al.*, 2002). Existem quatro abordagens para a gestão de fosfato: -

1. A utilização de solos ácidos com cal para aumentar o pH do solo entre 6,5 e 7,0.
2. O fertilizante fosfatado é utilizado regularmente em pequenas quantidades em vez de grandes quantidades de uma só vez.
3. Diminuir a acumulação de fosfato através da injeção de fertilizante fosfatado ou de estrume líquido.
4. Seleccione um local onde as raízes estejam muito activas e coloque os fertilizantes fosfatados perto das linhas de cultura (Simonne e Hochmuth, 2005).

2.8.1 Absorção de fosfatos pelas plantas

A quantidade de fosfato no solo existe frequentemente em formas não disponíveis para a planta. Para aumentar a produtividade das plantas nos solos, a presença de fosfato é necessária para os sistemas agrícolas. No entanto, pode observar-se uma baixa recuperação de fosfato nas mesmas plantas cultivadas, uma vez que cerca de 80 % do fosfato se transformou numa forma imóvel para absorção pelas plantas devido à precipitação, adsorção ou conversão para a forma orgânica (Holford, 1997).

A morfologia e a geometria das raízes são importantes para aumentar a absorção de fosfatos porque os sistemas radiculares com rácios mais elevados de área de superfície para volume serão mais eficazes para explorar um maior volume de solo (Lynch, 1995). Existe uma perceção geral de que a absorção de fosfato pelas plantas ocorre diretamente do solo através das células radiculares. No entanto, em mais de 90 % das plantas terrestres, formam-se associações simbióticas com fungos micorrízicos. As hifas dos fungos nestas plantas desempenham um papel significativo na aquisição de fosfato para a planta. A simbiose micorrízica baseia-se na troca mutualista de fosfato e outros nutrientes minerais do fungo e de carbono da planta para o fungo (Bolan, 1991).

2.8.2 Deficiência de fosfato: Efeito no crescimento das plantas

A deficiência de Pi produz efeitos diferentes em diferentes partes da planta. A deficiência de fosfato reduz a área da superfície foliar, a expansão foliar e o número total de folhas no mesmo caule (Baldwin *et al.,* 2001). As raízes são menos afectadas do que o crescimento dos rebentos, mas a deficiência de fosfato também reduz o crescimento das raízes e leva a uma menor massa de raízes para alcançar nutrientes e água (Yu et al., 2009). Nos rebentos, leva ao declínio do rácio entre o peso seco dos rebentos e das raízes das plantas.

Em geral, a insuficiência de fosfato atrasa o curso do consumo de hidratos de carbono, enquanto o fabrico de hidratos de carbono pela via da fotossíntese continua. Assim, observa-se um aumento da quantidade de hidratos de carbono e o crescimento de uma cor verde escura nas folhas (Brouquisse *et al.,* 1998). Em algumas plantas, a escassez de fosfato leva à produção de folhas de cor púrpura, como no com e no tomate. Como o fosfato é um componente mobilizado nas plantas, quando há escassez permite-se que o fosfato seja translocado para os tecidos meristemáticos activos a partir de tecidos mais velhos (Fredeen et *al.,* 1989).

A fotossíntese e a respiração podem ser comprometidas pela deficiência de fosfato. A acumulação de compostos de azoto solúvel (N) nos tecidos vegetais também é observada quando a síntese de ácidos nucleicos e de proteínas é perturbada. Finalmente, o crescimento celular é potencialmente interrompido ou atrasado com sintomas de perfilhamento e expansão de raízes secundárias, produção de sementes, rendimento de matéria seca e impedimento do aparecimento de folhas (Grant et al., 2001).

No grão-de-bico e no tremoço branco, a falta de perfilhamento provocou a exsudação radicular de ácidos carboxílicos, o que amplificou muito a acumulação de ácido carboxílico nas raízes e uma menor acumulação de carboxilato nos rebentos, em comparação com o tomate e o trigo, que não mostraram um aumento da exsudação de ácido carboxílico (Hoffland et *al.,* 1992). Resultados semelhantes foram obtidos por estudo comparativo de *Brassica napus* (libertação de ácido cítrico e ácido cítrico málico) com deficiência de fosfato e *Sisymbrium officinale* (secreção de carboxilato não afetada). Assim, para estabelecer a acumulação de ácidos carboxílicos no tecido radicular e a exsudação subsequente para a rizosfera, a razão importante é a partição de ácidos carboxílicos ou precursores relacionados entre rebentos e raízes.

A deficiência de fosfato diminui os açúcares redutores nas folhas e no caule, mas foram encontradas maiores quantidades nas raízes da lentilha (Qiu e Israel, 1992). A elevada translocação de açúcares redutores das folhas das plantas para as raízes pode ser a razão da maior quantidade de açúcares redutores nas raízes, enquanto a diminuição é mais proeminente nas folhas do que nos caules (Sarker e Karmoker, 2011).

2.8.3 Melhorar a eficiência dos fosfatos no solo

O planeamento eficiente da gestão de fosfatos pode incluir uma série de processos a vários níveis em associação com o solo, a planta e a rizosfera. A quantidade de fosfato introduzida nas terras agrícolas pode ser optimizada com base nas entradas/saídas do equilíbrio de fosfato. É necessária uma estratégia de gestão a longo prazo para a gestão dos fosfatos no solo, a fim de manter o fosfato disponível no solo através da monitorização da fertilidade do fosfato no solo. Utilizando esta abordagem, a utilização de fertilizantes fosfatados pode ser reduzida em 20% em comparação com a prática atual dos agricultores. Isto é importante para poupar recursos de fosfato sem sacrificar as plantas (Zhang *et al.,* 2010).

A gestão de fosfato baseada na rizosfera oferece uma abordagem ativa para a utilização do rendimento das culturas. O crescimento do milho (Zea *mays)* é melhorado pela utilização de amónio e pela aplicação localizada de fosfato através da ativação da acidificação da rizosfera e da propagação de raízes *num* solo calcário (Zhang et al., 2012).

Em alternativa, o melhoramento de cultivares ou genótipos de culturas é mais eficiente para a aquisição de fosfatos e a gestão de fosfatos é bem sucedida. Na China, foram feitos grandes progressos nos programas tradicionais de melhoramento de plantas, seleccionando variedades de culturas com elevada eficiência de fosfato. A variedade Xiaoyan54 de trigo (Triticum *aestivum)* é um exemplo de genótipo eficiente que segrega mais carboxilatos (por exemplo, malato e citrato) na rizosfera do que os genótipos ineficientes em termos de fosfato (Li et al., 1995).

2.8.3.1 Adaptações das plantas ao baixo teor de fosfato

O desempenho das plantas, quando cultivadas em solos com baixa disponibilidade de fosfato, é determinado pela sua eficiência de fosfato. A eficiência é definida como o crescimento da planta e a produção de sementes com uma disponibilidade subóptima de fosfato. No caso das plantas cultivadas, foram sugeridos muitos métodos possíveis para melhorar a eficiência do fosfato, tais como o aumento das reservas de sementes, a diminuição das necessidades dos tecidos e a alteração da arquitetura das raízes (Lynch e Brown, 2001). Além disso, podem ser efectuadas modificações na composição do sistema radicular para aumentar a eficiência da absorção de fosfato (Eissenstat *et al.*, 2000).

A exposição prolongada à deficiência de fosfato provoca a redução da concentração de fosfato no citoplasma e o esgotamento do armazenamento vacuolar de fosfato. O transporte de electrões nas mitocôndrias das plantas e o fluxo de carbono glicolítico prosseguirão por vias alternativas. No entanto, a carência de fosfato não afectou a respiração das raízes de ervilha (Rychter e Mikulska, 1990). Até certo ponto, em condições de stress de fosfato, o crescimento das plantas é reduzido e a absorção de nutrientes e os custos do crescimento respiratório são influenciados (Theodorou e Plaxton, 1993).

A diferença na arquitetura e no crescimento radicular entre genótipos dentro de grupos de espécies é monitorizada numa vasta gama de espécies, como o feijão, a cevada, a soja, o centeio, o arbusto do deserto e o trevo branco. A plasticidade, como a arquitetura radicular, o crescimento radicular, a infeção micorrízica e a composição do sistema radicular, pode ser valiosa para a adaptação das plantas a condições adversas dos solos (Caradus et al., 1996).

Algumas espécies de plantas expandem melhor os sistemas radiculares devido à baixa mobilidade do fosfato no solo. Isto permite que as plantas acedam a um maior volume de solo com elevada quantidade de fosfato para absorção à superfície das raízes (Lynch e Brown, 2001). A relação raiz/parte aérea mais elevada é normalmente observada em plantas deficientes em fosfato. Pode levar a uma diminuição acentuada do crescimento das folhas, causando a redução da procura de assimilados pelas folhas. Como resultado, isto causa a translocação da fotossíntese para a raiz (Cakmak et *al.*, 1994).

O Phaseolus vulgaris, por exemplo, contém grandes sistemas radiculares ramificados e tem mais pontas de raiz para obter o fosfato obtido. Além disso, os genótipos proficientes em fosfatos apresentam um crescimento lateral das raízes a partir da base, o que lhes permite crescer melhor e procurar a camada superior do solo rica em fosfatos. Várias espécies de plantas são geneticamente modificadas para gerar pêlos radiculares alongados e adicionais em situações de deficiência de fosfato (Ma *et al.*, 2003).

2.9 Conclusão

A Centella asiatica é uma das ervas medicinais mais importantes do mundo. É importante devido ao seu conteúdo antioxidante, que tem um impacto direto no tratamento de muitas doenças e na proteção das plantas. O crescimento *da Centella asiatica é* afetado por factores ambientais, como a disponibilidade de fosfato. Na deficiência de fosfato, a planta adapta-se através de alterações nas reacções fisiológicas e bioquímicas para continuar a crescer.

CAPÍTULO 3

MATERIAIS E MÉTODO

3.1 Cultivo de plantas

As mudas de *Centella asiatica*, que têm propriedades semelhantes em termos de peso e comprimento, foram cultivadas nos vasos aleatoriamente em três repetições com quatro níveis diferentes de fertilizante fosfatado (P2O5) contendo 46% de fosfato (Figura 3.1). A dosagem do fertilizante foi de 0, 0,05, 0,1, 0,15 e 0,02 g/kg. Quando as plantas atingiram a maturidade após 70 dias, foram colhidas amostras e efectuados os testes necessários.

Figura 3.1 Diferentes tratamentos para *Centella asiatica*

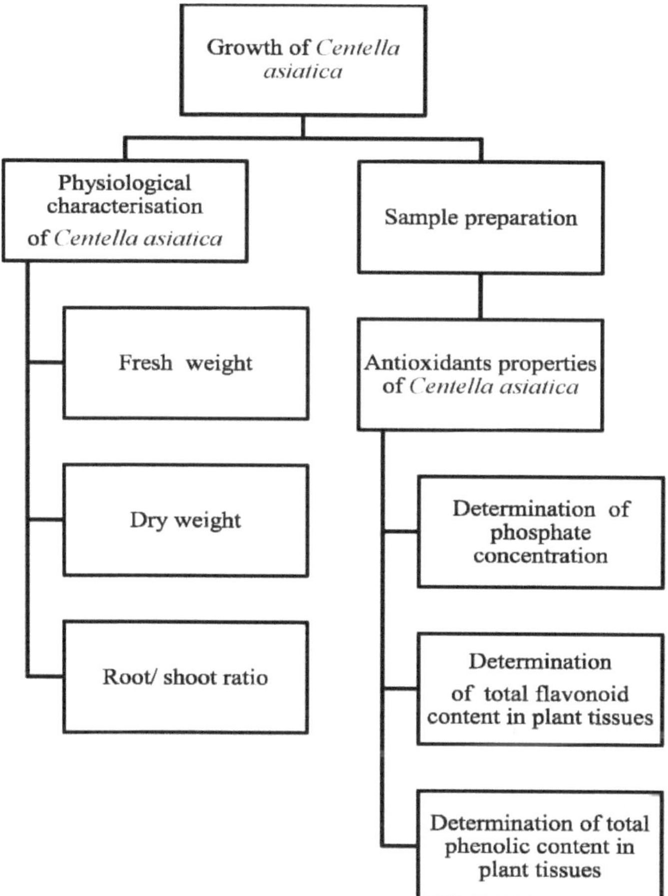

Figura 3.2 Enquadramento geral do estudo

3.2 Características fisiológicas da *Centella asiatica*

3.2.1 Peso fresco e peso seco das plantas

3.2.1.1 Medição do peso fresco

As plantas foram colhidas e lavadas para remover o solo. Em seguida, as plantas foram secas com uma toalha de papel macia para remover a humidade superficial e pesadas imediatamente para evitar a perda do teor de humidade das plantas.

3.2.1.2 Medição do peso seco

Após a medição do peso húmido, as plantas foram mantidas durante a noite na estufa a 37°C e armazenadas num saco de plástico com fecho de correr antes da medição do peso seco (Wood e Roper, 2000)

3.2.2 Raiz: Rácio de rebentos

O rebento seco foi separado da raiz e o peso foi registado. (Wood e Roper, 2000). Os rácios raiz/parte aérea de cada tratamento foram calculados por :

$$\text{Root/shootratio} = \frac{\text{Dry weight of shoot}}{\text{Dry weight of root}}$$

3.3 Propriedades antioxidantes da *Centella asiatica*

3.3.1 Preparação da amostra para a determinação de fenólicos totais e flavonóides totais

As plantas foram colhidas e lavadas para remover o excesso de terra e secas com papel macio para remover a humidade livre da superfície. As plantas foram secas em estufa de vácuo a 37 C durante 24 horas; e transferidas para o exsicador durante 24 horas. As plantas secas foram trituradas utilizando um lisador de tecidos de 25 Hz durante 20 minutos. Os pós das plantas foram armazenados num recipiente hermético de poliéster e conservados a -20 C antes da análise.

O extrato aquoso foi preparado adicionando 20 mg de pó seco ao ar em 2 mL de água. de etanol 98% e depois mantidas numa estufa a 40 C durante 24 h. Depois disso, as amostras foram sujeitas a centrifugação a 6 000 x g durante 6 min e o sobrenadante foi transferido para um novo tubo. Os extractos aquosos têm de ser preparados pouco tempo antes da análise (Ateyyat et *al.,* 2009).

3.3.2 Determinação do teor de fenólicos totais

O conteúdo fenólico total foi determinado espectrofotometricamente de acordo com o método de Folin-Ciocalteu (Velioglu et al., 1998). O extrato da planta (0,5 mL de 10 mg/mL) foi adicionado a um balão volumétrico de 10 mL contendo 1,5 mL de solução de NaiCCh (w = 20 %), 0,5 mL do reagente de Folin-Ciocalteu e 5 mL de água destilada.

Durante a oxidação dos compostos fenólicos, o reagente de Folin-Ciocalteu, que contém ácido fosfotúngstico e fosfomolíbdico, foi reduzido a óxidos de molibdénio e de tungsténio de cor azul. Após duas horas, a absorvância da coloração azul foi medida a X = 765 nm em relação a uma amostra em branco. As medições foram comparadas com uma curva padrão de soluções preparadas de ácido gálico (50, 100, 150, 250, 500 mg L ') e expressas em miligramas de equivalentes de ácido gálico por 100 g ± SE (Kaur e Kapoor, 2002).

3.3.3 Determinação do teor total de flavonóides

O teor de flavonóides totais foi determinado pelo método do cloreto de alumínio. O extrato da planta (0,5 mL de lOmg/mL) em metanol foi misturado separadamente com 0,1 mL de cloreto de alumínio a 10%, 0,1 mL de acetato de potássio 1 M, 1,5 mL de metanol e 2,8 mL de água destilada.

Após 30 minutos à temperatura ambiente, a absorvância da mistura de reação foi medida a 510 nm. A curva de calibração foi preparada utilizando soluções de quercetina em concentrações de 10 a 100 p.g/mL em metanol. A concentração de compostos flavonóides totais no extrato foi expressa como mg de equivalente por 100 gramas ± SE de peso seco do extrato (Kaur e Kapoor, 2002). Todas as medições foram efectuadas em triplicado.

3.3.4 Determinação da concentração de fosfato em tecidos vegetais

O fosfato foi determinado pelo método do ácido ascórbico e do molibdato de amónio. 50 mg de tecidos vegetais frescos foram congelados em azoto líquido antes da adição de 500 pL de ácido acético a 1 % (v/v). A célula foi homogeneizada utilizando um lisador de tecidos a 20 Hz durante 5 minutos e a amostra foi colocada em gelo durante 30 minutos e sujeita a centrifugação a 16 000 x g durante 15 minutos a 4 °C.

O sobrenadante foi transferido para um novo tubo e novamente clarificado por centrifugação. Em seguida, adicionaram-se 90 p.L. da amostra a 210 p.L. de solução de ensaio (mistura de seis partes de molibdato de amónio a 0,42 % em H2SO4 1 N e uma parte de ácido ascórbico a 10 % em água).

A mistura foi incubada durante 1 h a 37 °C. As amostras foram preparadas numa placa de 96 poços e a absorvância a OD 820 foi medida (Bruce, 1966). A curva de calibração foi preparada utilizando soluções de fosfato de potássio em concentrações (50,100,150, 250, 500 mg/L^1). Todas as medições foram efectuadas em triplicado.

3.4 Análise estatística

Todas as experiências foram realizadas em triplicado e os dados foram analisados estatisticamente usando (One-Way ANOVA). O teste estatístico da Diferença Mínima Significativa (LSD) foi usado para determinar diferenças significativas entre os tratamentos, e o coeficiente de correlação de Pearson foi usado para medir a correlação linear entre as variáveis, todas analisadas estatisticamente Conduzido pelo Microsoft Excel 2010.

CAPÍTULO 4

RESULTADOS E DISCUSSÃO

4.1 Efeito de diferentes fertilizantes fosfatados no peso fresco da planta

Neste estudo, foi estudado o efeito de diferentes níveis de fertilizante fosfatado no peso fresco da planta. O resultado mostrou que os diferentes tratamentos com fosfato têm efeitos diferentes no peso fresco da planta (Figura 4.1).

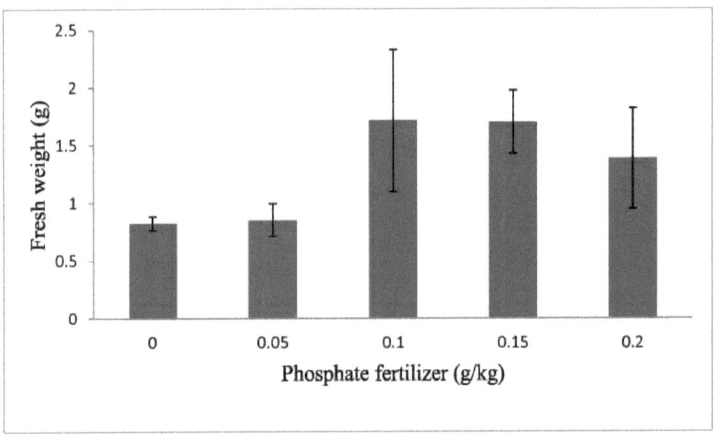

Figura 4.1 Efeito de diferentes concentrações de fosfato no peso fresco da planta

O resultado mostrou que o fertilizante fosfatado O.lg/kg produziu um peso fresco máximo da planta em comparação com o controlo, que tem um peso fresco mínimo. A análise usando ANOVA mostra diferenças significativas entre os tratamentos. O teste estatístico da diferença mínima significativa (LSD) realizado para determinar a diferença entre tratamentos mostrou que o controlo e 0,05 g/kg eram significativamente diferentes de 0,1 g/kg e 0,15 g/kg, respetivamente. Este resultado está de acordo com o estudo anterior de Aziz *et al.* (2012) que mostrou que o aumento da fertilização com fósforo aumentou significativamente o peso fresco total.

4.2 Efeito de diferentes níveis de fertilizante fosfatado no peso seco da planta

Nesta avaliação, os resultados mostraram que o tratamento com fosfato O.lg/kg tem o peso seco máximo da planta em comparação com o controlo, que tem o peso seco mínimo da planta (Figura 4.2). A tendência é quase semelhante à do peso fresco, porque, no processo de secagem, as plantas perdem uma quantidade quase semelhante de humidade, exceto os tratamentos que têm uma taxa mais elevada do que o caule e as folhas, que contêm um menor teor de humidade (Martin e Dodd, 2011).

Os resultados do teste LSD mostraram que existem diferenças significativas entre os tratamentos, o peso seco para o controlo foi significativamente diferente de O.lOg/kg, 0.15g/kg, e 0.15g/kg diferente de 0.05g/kg e 0.2g/kg. *A centella asiatica* encontrada em atitude elevada também mostrou um padrão quase semelhante onde o peso seco total aumentou com uma fertilização pi mais elevada (Afrida *et al,2009~).*

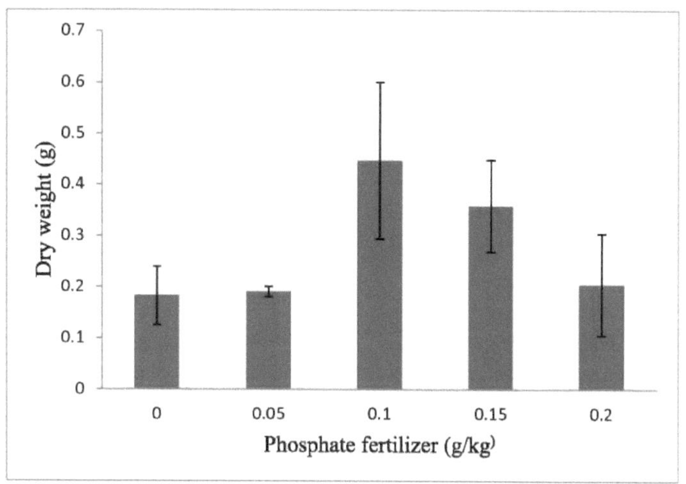

Figura 4.2 Efeito de diferentes fertilizantes fosfatados no peso seco das plantas

4.3 Efeito de diferentes fertilizantes fosfatados na relação raiz-raiz da planta

Diferentes tratamentos com fosfato produziram diferentes rácios raiz-raiz das plantas. Na Figura 4.3, 0,15g/kg de P2O5 registou o valor mais elevado da relação raiz-raiz, enquanto 0,2g/kg de P2O5 teve o valor mais baixo. A análise estatística mostrou que não há diferenças significativas entre os tratamentos. Este resultado está de acordo com estudos anteriores utilizando *Lycopersicon* e *Zea Mays* L. (Broschat e Klock-Moore 2000; Dunlop e Gardiner 1993) que mostraram a diminuição da relação raiz/parte aérea à medida que as taxas de fertilização fosfatada aumentavam.

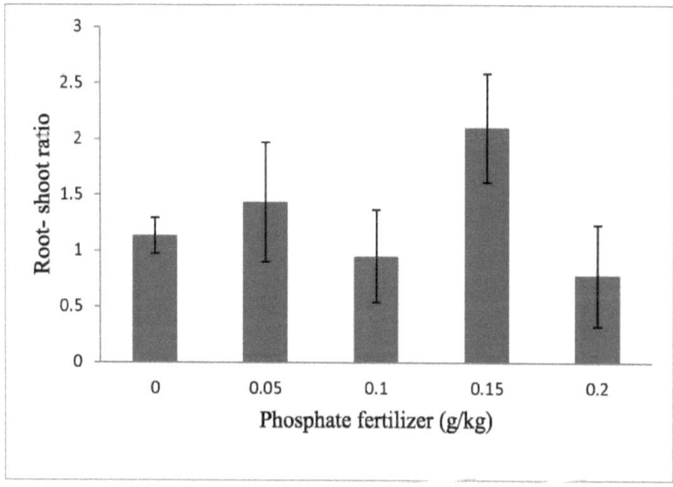

Figura 4.3 Efeito de diferentes fertilizantes fosfatados na relação raiz/raiz

4.4 Efeito de Diferentes Fertilizantes Fosfatados no Comprimento da Raiz

Foram investigados os efeitos de diferentes níveis de fosfato no comprimento da raiz. Neste estudo, o maior comprimento de raiz foi encontrado no tratamento de controlo, enquanto o menor comprimento de raiz foi em 0,2 g/kg P2O5 (Figura 4.4). A análise estatística dos dados mostrou que não havia diferença significativa entre os tratamentos, mas o teste (LSD) mostrou que havia diferenças significativas entre os tratamentos de controlo e 0,2 g/kg de P2O5.

A variação do comprimento da raiz pode ser devida às concentrações de fosfato (Figura 4.5). No estudo de He *et al.* (1992), mostraram que, em resposta à deficiência de fosfato, as alterações adaptativas nas raízes podem ser mediadas pela hormona vegetal etileno. Tanto a deficiência de fosfato como o etileno causam alterações semelhantes nos sistemas radiculares e estimulam o desenvolvimento de pêlos radiculares. Outro estudo efectuado por Ishida et *al.* (2008) mostrou que os pêlos radiculares cultivados em condições de deficiência de fosfato eram 16% mais compridos do que os cultivados em condições de suficiência de fosfato.

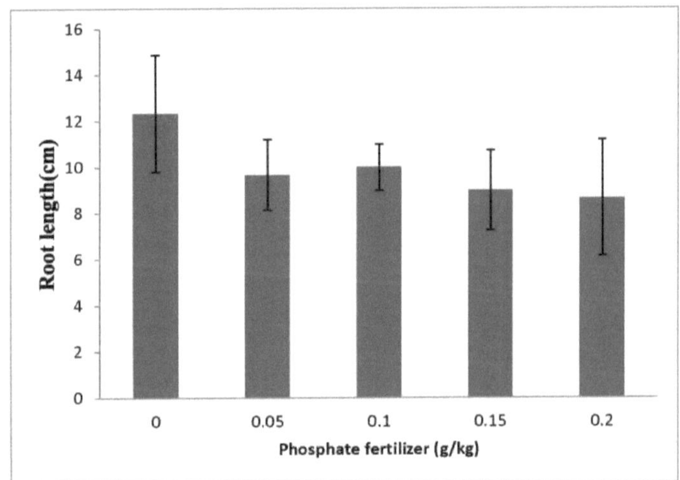

Figura 4.4 Efeito de diferentes fertilizantes fosfatados no comprimento da raiz

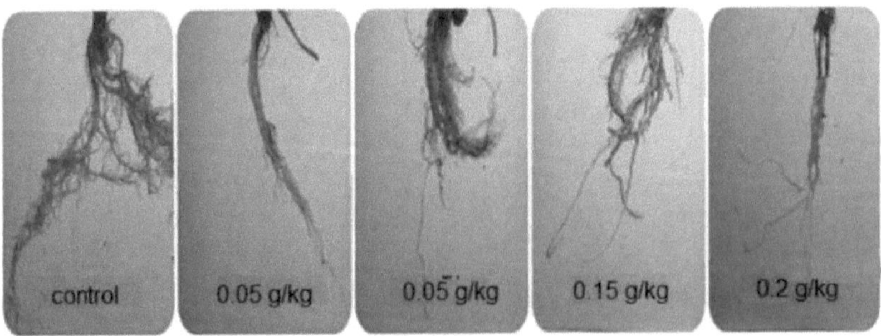

Figura 4.5 Comprimento da raiz de *Centella asiatica* em diferentes tratamentos

4.5 Efeito de diferentes fertilizantes fosfatados nos fenólicos totais

O valor máximo de compostos fenólicos totais foi detectado no controlo. No entanto, o valor mínimo foi detectado em 1,5 g/kg de P2O5 (Figura 4.6). O teste LSD mostrou que o controlo diferia significativamente de todos os outros tratamentos. A deficiência de fosfato leva ao aumento dos fenólicos totais em *Centella asiatica.* Este resultado é consistente com Neumann et *al.* (2000) que relataram que, no tremoço branco, a deficiência de fosfato aumentou a secreção de compostos fenólicos na raiz. Os fenólicos formaram quelatos relativamente estáveis com Fe e Al, aumentando assim a solubilidade de Fe-P e Al-P, libertando fosfato para absorção pelas plantas (Zhang et *al.*, 1997). Além disso, o estudo de Juszczuk et *al.* (2004) mostrou que a concentração de fenólicos de *Phaseolus vulgaris L.* nas raízes das plantas de controlo era sempre mais elevada do que nas raízes de outras plantas.

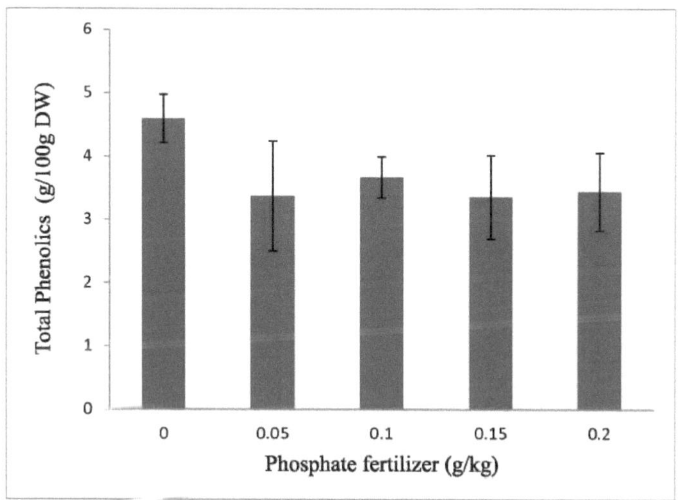

Figura 4.6 Efeito de diferentes fertilizantes fosfatados nos fenólicos totais

4.6 Efeito de diferentes fertilizantes fosfatados nos flavonóides totais

No ensaio de flavonóides totais, o controlo deu o composto de flavonóides totais mais elevado, e 0,1 g/kg de P2O5 produziu a quantidade mais baixa de flavonóides (Figura 4.7). O caule de cor púrpura foi observado em 0,05 g/kg de P2O5 como resultado da deficiência de fosfato (Figura 4.8). Essa cor se desenvolveu devido ao acúmulo do pigmento roxo chamado antocianina, que é uma das principais classes de flavonóides (Lohachoompol *et al.*, 2004). A análise estatística dos resultados mostrou que havia diferenças significativas entre os tratamentos. Além disso, o teste LSD mostrou que o tratamento de controlo era significativamente diferente de todos os outros tratamentos. Muller et *al.* (2013) relataram que as maiores concentrações de flavonoides e antocianinas foram observadas em plantas que não receberam tratamento com fosfato. Zomoza e Esteban (1984) também apontaram que a deficiência de P em plantas de tomate produziu um maior teor de flavonoides totais em comparação com os outros tratamentos.

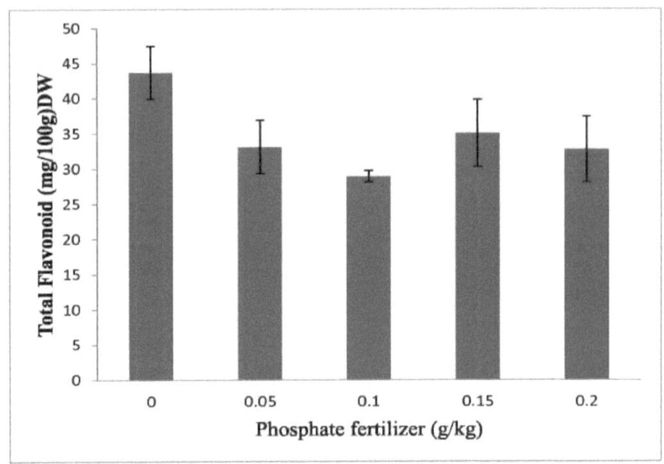

Figura 4.7 Efeito de diferentes fertilizantes fosfatados nos flavonóides totais

Figura 4.8: Caule de cor púrpura em 0,05 g/kg de P2O5

4.7 Efeito de diferentes fertilizantes fosfatados no teor de fosfato

A maior concentração de fosfato foi registada no tratamento com 0,2 P2O5 g/kg de fosfato. O fosfato mais baixo foi o do controlo (Figura 4.9). A análise estatística dos resultados mostrou que não houve diferenças significativas entre os tratamentos, mas o teste (LSD) mostrou diferenças significativas entre os tratamentos de controlo e 0,2 g/kg. De acordo com Aziz et al. (2012), a fertilização com fosfato não afectou significativamente o conteúdo de fosfato no tecido vegetal da *Centella asiatica.* Isto não foi consistente com Mudau et al. (2007) que mostrou que o fosfato no tecido foliar de *Athrixiaphylicoides L* aumentou quadraticamente devido à aplicação de fosfato.

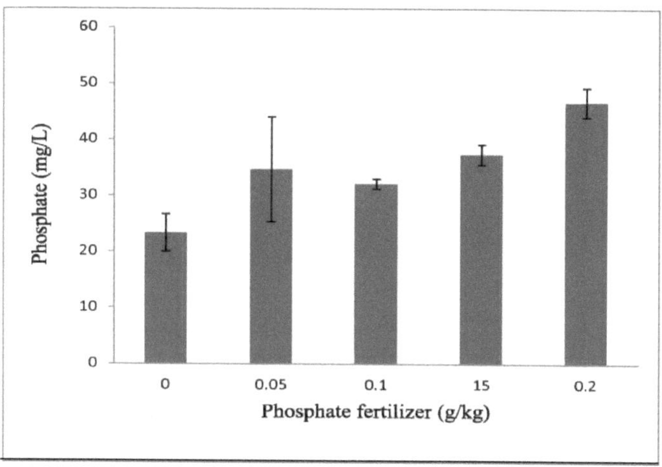

Figura 4.9 Efeito de diferentes fertilizantes fosfatados no teor de fosfato *da Centella asiatica*

4.8 Correlações entre as variáveis do estudo

4.8.1 Correlação entre o peso fresco e os compostos fenólicos e flavonóides

Os valores medicinais da *Centella asiatica derivam* da presença de compostos fenólicos e flavonóides. A produção de rendimento é o principal objetivo do cultivo de plantas; por conseguinte, a determinação da correlação entre variáveis é necessária para compreender a relação e recomendar a melhor abordagem no cultivo de plantas. A Figura 4.10 mostra a correlação entre o peso fresco e os fenólicos totais em *Centella asiatica*. Foi demonstrado que o peso fresco tem uma correlação linear negativa com os fenólicos totais, o que significa que quando o valor dos fenólicos totais aumenta, o peso fresco diminui e vice-versa.

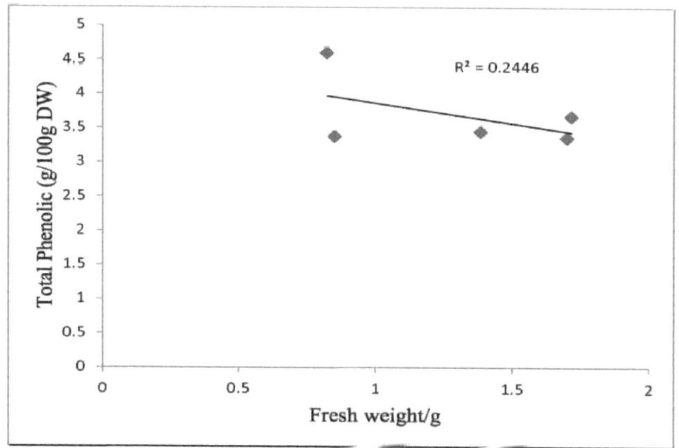

Figura 4.10 Correlação entre o peso fresco e os fenólicos totais

A Figura 4.11 mostra a correlação entre flavonóides totais e peso fresco. Os pesos frescos da *Centella asiatica* têm uma forte correlação linear negativa com os flavonóides totais; sempre que o peso fresco diminui, o valor dos flavonóides totais aumenta.

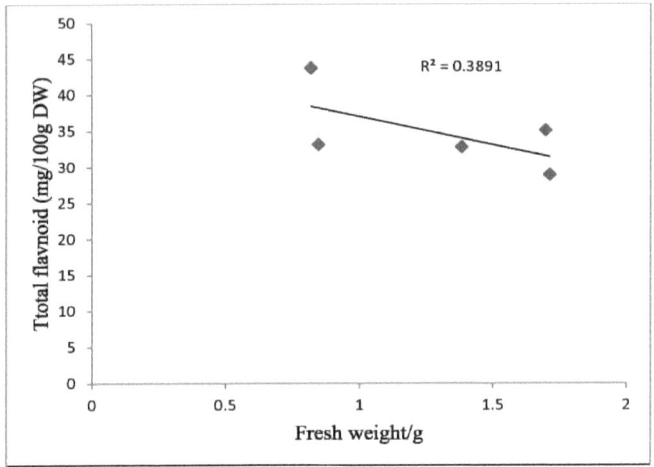

Figura 4.11 Correlação entre peso fresco e flavonóides totais

4.8.2 Fertilizante fosfatado Correlação com o teor de fosfato

Registou-se uma forte correlação linear positiva entre o fertilizante fosfatado e o teor de fosfato (Figura 4.12). Sempre que o fertilizante fosfatado foi aumentado, o teor de fosfato aumentou. Uma vez que o fosfato é responsável pelo componente estrutural das proteínas, enzimas, ácidos nucleicos e fotossíntese, portanto, o melhor crescimento das plantas pode ser alcançado através da adição de mais fertilizante fosfatado.

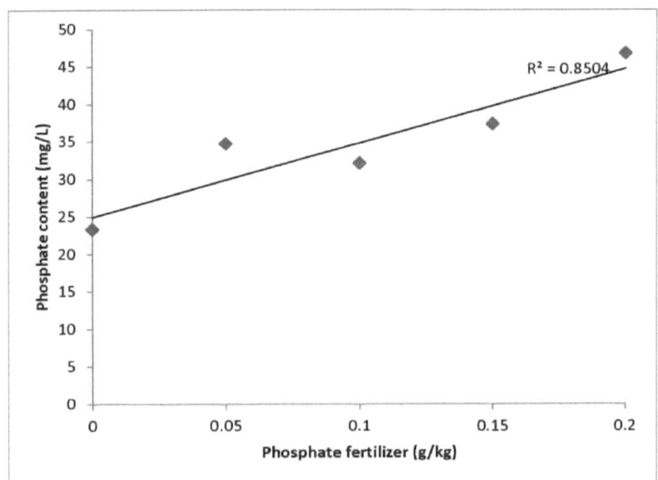

Figura 4.12 Correlação entre fertilizante fosfatado e teor de fosfato

4.8.3 Correlação entre flavonóides totais e fenólicos totais

O resultado mostrou que existe uma correlação linear positiva muito forte entre os flavonóides totais e os fenólicos totais dos extractos. Sempre que o flavonoide total aumenta, o fenólico total aumenta, o que pode ser o principal contribuinte para a atividade antioxidante da planta (Figura 4.13).

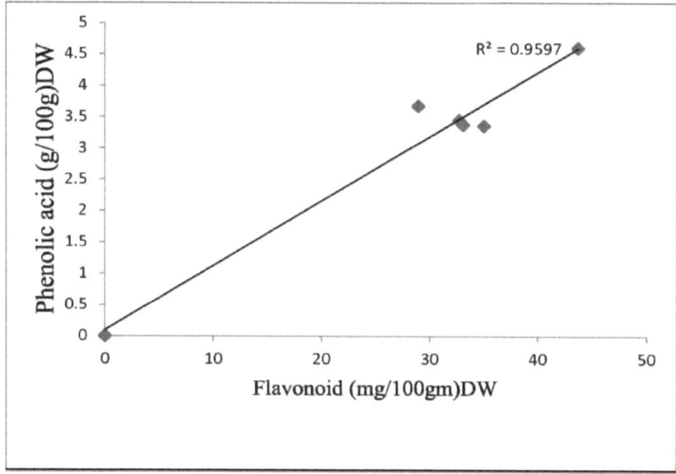

Figura 4.13 Correlação entre flavonóides totais e fenólicos totais

CAPÍTULO 5
CONCLUSÃO E RECOMENDAÇÃO

5.1 Conclusões

Em conclusão, os resultados indicam que a manipulação da fertilização fosfatada provocou uma resposta diferente da *Centella asiatica a nível* fisiológico e bioquímico.

A partir das características fisiológicas, o tratamento moderado com fosfato faz com que *a Centella asiatica* exiba um peso fresco e seco significativamente mais elevado do que aqueles em condições de fosfato limitado. O comprimento da raiz diminuiu com o tratamento com Pi e o rácio raiz-raiz também foi comprometido.

A produção de fenólicos e flavonóides foi maior em plantas com menor concentração de fosfato, e o teor de fosfato na planta foi maior com o aumento da concentração de fosfato fornecida.

Foi observada uma correlação linear entre os flavonóides totais e os fenólicos totais dos extractos. Isto mostra que a deficiência de fosfato faz com que as plantas produzam mais antioxidantes.

5.2 Recomendação

Para investigação futura, sugere-se que se estude a resposta do crescimento das plantas através da manipulação de outros factores ambientais, como o azoto e o potássio.

A fim de evitar efeitos negativos na qualidade da *Centella asiatica, recomenda-se* que não se aplique fosfato em excesso aquando do cultivo desta espécie. Para uma produção de alto rendimento de *Centella asiatica, recomenda-se a* aplicação moderada de fosfato.

O estrume orgânico e os fertilizantes podem ser aplicados em alternativa para satisfazer as necessidades das plantas. Isto reduziria os custos dos fertilizantes fosfatados e conservaria as reservas naturais de fosfato. Isto, por sua vez, tem consequências ambientais positivas através da minimização da poluição do ambiente.

Para além disso, a produção de antioxidantes de diferentes partes da planta pode ser medida individualmente (raiz, folhas e caule) para se ter uma ideia melhor do seu conteúdo em cada parte da planta.

REFERÊNCIAS

Adenan, M. I. (1998). Oportunidades para a plantação de plantas medicinais e herbáceas na Malásia.

Afrida, A., M. Ghulamahdi e S. A. Aziz (2009). Crescimento e produção de Pennyworth indiano (Centella *asiatica* L. Urban) para fertilização com fósforo em alta altitude.

Arora, D., M. Kumar e S. Dubey (2002). *Centella asiatica-a* Review of It's Medicinal Uses and Pharmacological Effects. *Journal of Natural remedies* 2(2): 143-149.

Ateyyat, M. A., M. Al-Mazra'awi, T. Abu-Rjai e M. A. Shatnawi (2009). Os extractos aquosos de algumas plantas medicinais são tão tóxicos como o Lmidaclopride para a mosca branca da batata-doce, Bemisia tabaci. *Jornal de Ciência dos Insectos* 9.

Aziz, S. A., M. Ghulamahdi e A. Afrida (2012). O efeito da fertilização com fósforo no Pennyworth indiano *Centtelki asiatica* L. Urban) em alta altitude. *Jurnal Hortikultura Indonesia* 2(1).

Baldwin, J. C., A. S. Karthikeyan e K. G. Raghothama (2001). LEPS2, uma nova fosfatase ácida de tomate induzida por fostarvação. *Plant Physiology* 125(2): 728-737.

Bolan, N. (1991). Uma revisão crítica sobre o papel dos fungos micorrízicos na absorção de fósforo pelas plantas. *Planta e solo* 134(2): 189-207.

Boumendjel, A., A. Di Pietro, C. Dumontet e D. Barron (2002). Avanços recentes na descoberta de flavonóides e análogos com ligação de alta afinidade à glicoproteína-P responsável pela multirresistência das células cancerosas. *Medicinal research reviews* 22(5): 512-529.

Brouquisse, R., J.-P. Gaudillere e P. Raymond (1998). Indução de uma proteólise relacionada com a fome de carbono em plantas inteiras de milho submetidas a ciclos de luz/escuridão e a escuridão prolongada. *Plant Physiology* 117(4): 1281-1291.

Burdon, J. J. (1987). *Diseases and plant population biology*. Arquivo CUP.

Cakmak, I., C. Hengeler e H. Marschner (1994). Partição de matéria seca de rebentos e raízes e hidratos de carbono em plantas de feijão que sofrem de deficiência de fósforo, potássio e magnésio. *Journal of Experimental Botany* 45(9): 1245-1250.

Caradus, J., D. Woodfield e A. Stewart (1996). Panorama e visão do trevo branco. *Publicação especial_Agronomy society of new zeland. 1-6.*

Caris-Veyrat, C., M.-J. Amiot, V. Tyssandier, D. Grasselly, M. Buret, M. Mikolajczak, J.-C. Guilland, C. Bouteloup-Demange e P. Borel (2004). Influência da prática agrícola biológica versus convencional no teor de microconstituintes antioxidantes do tomate e purés derivados; consequências para o estado do plasma antioxidante em humanos. *Journal of Agricultural and Food Chemistry* 52(21): 65036509.

Crawford, R. (2008). *Plants at the margin: ecological limits and climate change.* Cambridge University Press.

Croteau, R., T. M. Kutchan e N. G. Lewis (2000). Produtos naturais (metabolitos secundários).

Biochemistry and molecular biology of plants'. 1250-1318.

Crozier, A., I. B. Jaganath e M. N. Clifford (2009). Dietary phenolics: chemistry, bioavailability and effects on health (Fenólicos da dieta: química, biodisponibilidade e efeitos na saúde). *Natural Product Reports* 26(8): 1001-1043.

Dakora, F. D. e D. A. Phillips (2002). Os exsudados da raiz como mediadores da aquisição de minerais em ambientes com baixo teor de nutrientes. *Plant and Soil* 245(1): 35-47.

Dash, B., H. Faruquee, S. Biswas, M. Alam, S. Sisir e U. Prodhan (2011). Actividades antibacterianas e antifúngicas de vários extractos de *Centella asiatica* L. contra alguns micróbios patogénicos humanos.

De Datta, S., T. Biswas e C. Charoenchamratcheep (1990). Phosphorus requirements and management for lowland rice. *Phosphorus requirements for sustainable agriculture in Asia and Oceania. Instituto Internacional de Investigação do Arroz, Los Banos'*. 307-323.

Deprez, S. e A. Scalbert (2000). Isotopic Labelling of Dietary Polyphenols for Bioavailability Studies (Marcação isotópica de polifenóis alimentares para estudos de biodisponibilidade). Plant *Polyphenols 2* 357-370.

Eissenstat, D., C. Wells, R. Yanai e J. Whitbeck (2000). Construir raízes num ambiente em mudança: implicações para a longevidade das raízes. *New Phytologist* 147(1): 33-42.

Fohse, D., N. Claassen e A. Jungk (1988). Eficiência do fósforo nas plantas. *Plant and Soil* 110(1): 101-109.

Fredeen, A. L., I. M. Rao e N. Terry (1989). Influence of phosphorus nutrition on growth and carbon partitioning in Glycine max. *Plant Physiology* 89(1): 225230.

Ghasemzadeh, A. e N. Ghasemzadeh (2011). Flavonóides e ácidos fenólicos: Papel e atividade bioquímica nas plantas e no ser humano. *Journal of Medicinal Plants Research* 5(31): 6697-6703.

Grant, C., D. Flaten, D. Tomasiewicz e S. Sheppard (2001). The importance of early season phosphorus nutrition. *Canadian Journal of Plant Science* 81(2): 211-224.

Giilcin, i. (2006). Actividades antioxidante e antirradicalar da L-carnitina. *Ciências da Vida* 78(8): 803-811.

Harris, C. S., F. Mo, L. Migahed, L. Chepelev, P. S. Haddad, J. S. Wright, W. G.

Wilhnore, J. T. Amason e S. A. Bennett (2007). Plant phenolics regulate neoplastic cell growth and survival: a quantitative structure-activity and biochemical analysis Este artigo faz parte de uma seleção de artigos publicados nesta edição especial (parte 2 de 2) sobre a Segurança e Eficácia dos Produtos Naturais para a Saúde. *Canadian Journal of Physiology and Pharmacology* 85(11): 1124-1138.

Hashim, P. (2011). *Centella asiatica* em aplicações de alimentos e bebidas e o seu potencial efeito antioxidante e neuroprotector. *Jornal Internacional de Investigação Alimentar* 18(4): 1215-1222.

He, C.-J., P. W. Morgan e M. C. Drew (1992). Aumento da sensibilidade ao etileno em raízes de *Zea mays* L., carentes de azoto ou fosfato, durante a formação do aerênquima. *Plant Physiology* 98(1): 137-142.

Heim, K. E., A. R. Tagliaferro e D. J. Bobilya (2002). Flavonoid antioxidants: chemistry, metabolism and structure-activity relationships. *The Journal of Nutritional Biochemistry* 13(10): 572-584.

Hirasa, K. e M. Takemasa (1998). Efeitos fisiológicos dos componentes das especiarias. *Spice Science and Technology (Hirasa K, TakemasaM, eds);* 141-162.

Hodges, D. M., J. M. DeLong, C. F. Forney e R. K. Prange (1999). Improving the thiobarbituric acid-reactive-substances assay for estimating lipid peroxidation in plant tissues containing anthocyanin and other interfering compounds. *Planta* 207(4): 604-611.

Hoffland, E., R. Boogaard, J. Nelemans e G. Findenegg (1992). Biosíntese e exsudação radicular dos ácidos cítrico e málico em plantas de colza sem fosfato. *New Phytologist* 122(4): 675-680.

Holford, I. (1997). Fósforo no solo: a sua medição e a sua absorção pelas plantas *Australian Journal of Soil Research* 35(2). 227-240.

Holiman, P. C., M. G. Hertog e M. B. Katan (1996). Análise e efeitos dos flavonóides na saúde. *Food Chemistry* 57(1): 43-46.

Huda-Faujan, N., A. Noriham, A. Norrakiah e A. Babji (2009). Atividade antioxidante de extractos metanólicos de plantas contendo compostos fenólicos. *Jornal Africano de Biotecnologia* 8(3).

Ishida, T., T. Kurata, K. Okada e T. Wada (2008). A genetic regulatory network in the development of trichomes and root hairs. *Annu. Rev. Plant Biol.* 59: 365-386.

James, J. T. e I. A. Dubery (2009). Triterpenóides pentacíclicos da erva medicinal, *Centella asiatica*

(L.) Urban. *Molecules* 14(10): 3922-3941.

Jones, J. B. (2012). *Manual de nutrição vegetal e fertilidade do solo.* CRC press.

Joy, P., J. Thomas, S. Mathew e B. P. Skaria (1998). Plantas medicinais. *Tropical horticulture* 2: 449-632.

Juszczuk, I. M., A. Wiktorowska, E. Malusa e A. M. Rychter (2004). Alterações na concentração de compostos fenólicos e exsudação induzidas pela deficiência de fosfato em plantas de feijão (*Phicieeolus vulgaris* L.). *Plant and Soil* 267(1-2): 4149.

Kamiyama, M. e T. Shibamoto (2012). Flavonóides com potente atividade antioxidante encontrados em folhas jovens de cevada verde. *Jornal de Química Agrícola e Alimentar* 60(25): 6260-6267.

Kaur, C. e H. C. Kapoor (2002). Anti-oxidant activity and total phenolic content of some Asian vegetables (Atividade antioxidante e conteúdo fenólico total de alguns vegetais asiáticos). *International Journal of Food Science and Technology* 37(2): 153-161.

Li, J., X. Liu, W. Zhou, J. Sun, Y. Tong, W. Liu, Z. Li, P. Wang e S. Yao (1995). Técnica de melhoramento do trigo para utilização eficiente dos elementos nutritivos do solo. *Ciência na China (Scienctia Sinica) Série B* 38(11): 1313-1320.

Lightboum, G. J., R. J. Griesbach, J. A. Novotny, B. A. Cievidence, D. D. Rao e J. R.

Stommel (2008). Efeitos de combinações de antocianinas e carotenóides na cor da folhagem e dos frutos imaturos de Capsicum annuum L. *Journal of heredity* 99(2): 105-111.

Lohachoompol, V., G. Srzednicki e J. Craske (2004). A alteração das antocianinas totais nos mirtilos e o seu efeito antioxidante após secagem e congelação. *BioMed Research International* 2004(5): 248-252.

Loiseau, A. e M. Mercier (2006). *Centella asiatica* e cuidados com a pele. *Anti-envelhecimento: Physiology to Formulation* 103-110.

Lynch, J. (1995). Arquitetura da raiz e produtividade da planta. *Plant physiology* 109(1): 7.

Lynch, J. P. e K. M. Brown (2001). Forrageamento do solo superficial - uma adaptação arquitetónica das plantas à baixa disponibilidade de fósforo. *Plant and Soil* 237(2): 225-237.

Ma, Z., T. I. Baskin, K. M. Brown e J. P. Lynch (2003). A regulação do alongamento da raiz sob stress de fósforo envolve alterações na capacidade de resposta do etileno. *Plant Physiology* 131(3): 1381-1390.

Martin, A. I. e I. C. Dodd (2011). Sinalização da raiz para o rebento quando a humidade do solo é heterogénea: o aumento da proporção de biomassa da raiz na secagem do solo inibe o crescimento das folhas e aumenta a concentração de ácido abscísico nas folhas. *Planta, Célula e Ambiente* 34(7): 1164-1175.

Martin, C., A. Prescott, S. Mackay, J. Bartlett e E. Vrijlandt (1991). Controlo da biossíntese de antocianinas em flores de *Antirrhinum majus. The Plant Journal* 1(1): 37-49.

McKenzie, N. (2004). *Australian soils and landscapes: an illustrated compendium (Solos e paisagens australianos: um compêndio ilustrado).* Publicação CSIRO.

Middleton Jr, E. (1998). Effect of plant flavonoids on immune and inflammatory cell function.Flavonoids *in the Living System* 175-182, Springer.

Mohren, G., J. Van Den Burg e F. Burger (1986). Deficiência de fósforo induzida por entrada de azoto em abeto Douglas nos Países Baixos. *Plant and Soil* 95(2): 191-200.

Mudau, F. N., P. Soundy e E. S. du Toit (2007). Efeitos da nutrição de nitrogénio, fósforo e potássio no conteúdo total de polifenóis das folhas de chá de arbusto (Athrixia phylicoides L.) em ambiente de viveiro sombreado. *HortScience* 42(2): 334-338.

Muller, V., C. Lankes, M. Schmitz-Eiberger, G. Noga e M. Hunsche (2013). Estimativa da acumulação de flavonóides e centelósidos nas folhas de *Centella asiatica* L. Urban por medições multiparamétricas de fluorescência. *Botânica Ambiental e Experimental.*

Munson, R. D. e Y. Kalra (1998). Principles of plant analysis. *Handbook of reference methods for plant analysis:* 1-24.

Namiki, M. (1990). Antioxidantes/antimutagénicos nos alimentos *Critical Reviews in Food Science and Nutrition* 29(4): 273-300.

Neumann, G., A. Massonneau, N. Langlade, B. Dinkelaker, C. Hengeler, V. Romheld e E. Martinoia (2000). Physiological aspects of cluster root function and development in phosphorus-deficient white lupin *Luipiniis albus* L.). *Annals of Botany* 85(6): 909-919.

O'Sullivan, J. N., C. J. Asher e F. Blarney (1997). *Distúrbios nutricionais da batata-doce.* Centro Australiano de Investigação Agrícola Internacional, Camberra.

Pettersson, K., B. Bostrom e O.-S. Jacobsen (1988). Phosphorus in sediments- speciation and analysis.Phosphorus *in Freshwater Ecosystems* 91-101, Springer.

Pittella, F., R. C. Dutra, D. D. Junior, M. T. Lopes e N. R. Barbosa (2009). Actividades antioxidante e citotóxica de *Centella asiatica* (L) Urb. *Revista internacional de ciências moleculares* 10(9): 3713-3721.

Pourcel, L., J.-M. Routaboul, V. Cheynier, L. Lepiniec e I. Debeaujon (2007). Flavonoid oxidation in plants: from biochemical properties to physiological functions (Oxidação de flavonóides em plantas: das propriedades bioquímicas às funções fisiológicas). *Tendências em Ciências Vegetais* 12(1): 29-36.

Pushparajah, E., F. Cnah e S. Magat (1990). Phosphorus requirements and management of oil palm, coconut and rubber. *Phosphorus requirements for sustainable agriculture in Asia and Oceania".* 399-425.

Qiu, J. e D. W. Israel (1992). Acumulação e utilização diurna de amido em plantas de soja com deficiência de fósforo. *Plant Physiology* 98(1): 316-323.

Quisel, J. D., D. C.-H. Lin e A. D. Grossman (1999). Controlo do Desenvolvimento por Localização Alterada de um Fator de Transcrição em B. subtilis. *Molecular cell* 4(5): 665-672.

Rafamantanana, M., E. Rozet, G. Raoelison, K. Cheuk, S. Ratsimamanga, P. Hubert e J. Quetin-Leclercq (2009). Um método melhorado de HPLC-UV para a quantificação simultânea de glicosídeos triterpénicos e agliconas em folhas de *Centella asiatica* (L.) Urb (APIACEAE). *Journal of Chromatography B* 877(23): 23962402.

Reynolds, M. A., B. L. Benham, R. B. Ferguson, C. G. Henry, C. A. Shapiro, J. P. Stack e C. S. Woitmann (2002). EC02-179 Managing Livestock Manure to Protect Environmental Quality (Gestão de estrume de gado para proteção da qualidade ambiental). *Materiais históricos da Extensão* 1409 da *Universidade de Nebraska- Lincoln.*

Richardson, A. E. (2001). Perspectivas de utilização de microrganismos do solo para melhorar a aquisição de fósforo pelas plantas. *Functional Plant Biology* 28(9): 897-906.

Rychter, A. M. e M. Mikulska (1990). A relação entre o estado do fosfato e respiração resistente ao cianeto em raízes de feijão. *Physiologia Plantarum* 79(4): 663667.

Sahelian, R. (2011). Benefícios do suplemento de galantamina, efeitos colaterais, informações sobre dosagem, riscos, perigo, sem necessidade de receita médica, uso para a doença de Alzheimer.

Sanchez-Calderon, L., J. Lopez-Bucio, A. Chacon-Lopez, A. Gutierrez-Ortega, E. Hernandez-Abreu e L. Herrera-Estrella (2006). A caraterização de mutantes insensíveis ao baixo teor de fósforo revela um cruzamento entre o desenvolvimento de raízes determinadas induzido pelo baixo teor de fósforo e a ativação de genes envolvidos na adaptação da Arabidopsis à deficiência de fósforo. *Plant physiology* 140(3): 879-889.

Sarker, B. C. e J. Karmoker (2011). Efeitos da deficiência de fósforo na acumulação de compostos bioquímicos na lentilha -*Lens culinaris* Medik.). *Bangladesh Journal of Botany* 40(1): 23-27.

Saxena, M., J. Saxena e A. Pradhan (2012). Flavonóides e ácidos fenólicos como antioxidantes em plantas e na saúde humana. *Revista Internacional de Revisão e Investigação em Ciências Farmacêuticas* 28: 130-134.

Schachtman, D. P., R. J. Reid e S. Ayling (1998). Phosphorus uptake by plants: from soil to cell. *Plant Physiology* 116(2): 447-453.

Schaffert, R. E., V. M. Alves, S. N. Parentoni e K. Raghothama (1999). Genetic control of phosphorus uptake and utilization efficiency in maize and sorghum under marginal soil conditions. *Production in Water-Limited Environments'.* 79.

Shimada, Y., M. Ohbayashi, R. Nakano-Shimada, Y. Okinaka, S. Kiyokawa e Y. Kikuchi (2001). Engenharia genética da via biossintética da antocianina com flavonoide-3', 5'-hidroxilase: comutação específica da via em petúnia. *Plant Cell Reports* 20(5): 456-462.

Simonne, E. e G. Hochmuth (2005). Gestão do solo e dos fertilizantes para a produção de hortícolas na Florida. *Vegetable Production Handbook for Florida* 2006: 3-15.

Subathra, M., S. Shila, M. A. Devi e C. Panneerselvam (2005). Papel emergente da *Centella asiatica* na melhoria do estado antioxidante neurológico relacionado com a idade. *Gerontologia experimental* 40(8): 707-715.

Theodorou, M. E. e W. C. Plaxton (1993). Adaptações metabólicas da respiração das plantas à privação de fosfato nutricional. *Plant Physiology* 101(2): 339-344.

Thomson, I. (2011). OL Erukainure, OV Oke, FO Owolabi e OS Adenekan. *Tendências da Investigação em Ciências Aplicadas* 6(2): 190-197.

Tolkah, N. (1999). Variação genética de *Centella asiatica* baseada em ADN polimórfico amplificado aleatoriamente. *Ethnobotani J* 22: 7-13.

Trull, M., M. Guiltinan, J. Lynch e J. Deikman (1997). The responses of wild-type and ABA mutant Arabidopsis thaliana plants to phosphorus starvation. *Planta, Célula e Ambiente* 20(1): 85-92.

Varallyay, G. (1990). Qualidade do solo e utilização dos solos. *State of the Hungarian Environment (Eds. Hinrichsen, D., Enyedi, Gy.) Hungarian Academy of Sciences-Ministry of Environment-CSO of Hungary, Budapest'.* 91-123.

Velioglu, Y., G. Mazza, L. Gao e B. Oomah (1998). Antioxidant activity and total phenolics in selected fruits, vegetables, and grain products. *Journal of Agricultural and Food Chemistry* 46(10): 4113-4117.

Wood, A. J. e J. Roper (2000). Uma técnica simples e não destrutiva para medir o crescimento e o desenvolvimento das plantas. *The American Biology Teacher* 62(3): 215-217.

Yu, Y., S. Zhang, H. Huang, L. Luo e B. Wen (2009). Acumulação e especiação de arsénio no milho afectadas pela inoculação com o fungo micorrízico arbuscular Glomus mosseae. *Journal of Agricultural and Food Chemistry* 57(9): 3695-3701.

Zaharah, A. e H. Sharifuddin (2002). Disponibilidade de fósforo num solo tropical ácido alterado com rochas fosfáticas. *Avaliação do estado do fósforo e gestão de fertilizantes fosfatados para otimizar a produção agrícola. TECDOC- 1272-.* 294-303.

Zainol, M., A. Abd-Hamid, S. Yusof e R. Muse (2003). Atividade antioxidante e compostos fenólicos totais da folha, raiz e pecíolo de quatro acessos de *Centella asiatica* (L.) Urban. *Food Chemistry* 81(4): 575-581.

Zhang, F., Z. Cui, X. Chen, X. Ju, J. Shen, Q. Chen, X. Liu, W. Zhang, G. Mi e M. Fan (2012). 1 Gestão integrada de nutrientes para a segurança alimentar e a qualidade ambiental na China *Avanços na agronomia* 116: 1.

Zhang, F., J. Ma e Y. Cao (1997). A carência de fósforo aumenta a exsudação radicular de ácidos orgânicos de baixo peso molecular e a utilização de fosfatos inorgânicos pouco solúveis por plantas de rabanete (*Ragluniius satiuvs* L.) e colza *(Brassica napus* L.). *Planta e solo* 196(2): 261-264.

Zhang, F., J. Shen, J. Zhang, Y. Zuo, L. Li e X. Chen (2010). Capítulo 1 - Processos e gestão da rizosfera para melhorar a eficiência da utilização de nutrientes e a produtividade das culturas: implicações para a China. *Avanços em agronomia* 107: 1-32.

Zohlen, A. e G. Tyler (2004). Fósforo inorgânico solúvel nos tecidos e comportamento calcífugo das plantas. *Annals of botany* 94(3): 427-432.

Zomoza, P. e R. Esteban (1984). Teor de flavonóides em plantas de tomate para o estudo do estado nutricional. *Planta e Solo* 82(2): 269-271.

Apêndice A

TABELAS DE TESTES ANOVA

Anova: Single Factor

SUMMARY

Groups	*Count*	*Sum*	*Average*	*Variance*
Row 1	3	2.467	0.822333	0.003654
Row 2	3	2.552	0.850667	0.019966
Row 3	3	5.146	1.715333	0.379857
Row 4	3	5.1	1.7	0.0751
Row 5	3	4.155	1.385	0.189441

ANOVA

Source of Variation	*SS*	*df*	*MS*	*F*	*P-value*	*F crit*
Between Groups	2.308951	4	0.577238	4.32052	0.027572	3.47805
Within Groups	1.336038	10	0.133604			
Total	3.644989	14				

ENSAIO DE PESO FRESCO

Anova: Single Factor

SUMMARY

Groups	*Count*	*Sum*	*Average*	*Variance*
Row 1	3	0.5494	0.183133	0.003279
Row 2	3	0.5729	0.190967	8.97E-05
Row 3	3	1.342	0.447333	0.023432
Row 4	3	1.0763	0.358767	0.00801
Row 5	3	0.6163	0.205433	0.009926

ANOVA

Source of Variation	*SS*	*df*	*MS*	*F*	*P-value*	*F crit*
Between Groups	0.171101	4	0.042775	4.780723	0.020445	3.47805
Within Groups	0.089474	10	0.008947			
Total	0.260575	14				

ENSAIO DE PESO SECO

Anova: Single Factor

SUMMARY

Groups	Count	Sum	Average	Variance
Row 1	3	37	12.33333	6.333333
Row 2	3	29	9.666667	2.333333
Row 3	3	30	10	1
Row 4	3	27	9	3
Row 5	3	26	8.666667	6.333333

ANOVA

Source of Variation	SS	df	MS	F	P-value	F crit
Between Groups	24.93333	4	6.233333	1.640351	0.239258	3.47805
Within Groups	38	10	3.8			
Total	62.93333	14				

TESTE DO COMPRIMENTO DA RAIZ

Anova: Single Factor

SUMMARY

Groups	Count	Sum	Average	Variance
Row 1	3	3.40228	1.134093	0.025874
Row 2	3	4.307149	1.435716	3.075555
Row 3	3	2.853789	0.951263	0.172729
Row 4	3	6.296634	2.098878	2.641732
Row 5	3	2.337451	0.77915	0.206349

ANOVA

Source of Variation	SS	df	MS	F	P-value	F crit
Between Groups	3.225047	4	0.806262	0.65847	0.634534	3.47805
Within Groups	12.24448	10	1.224448			
Total	15.46952	14				

TESTE DO RÁCIO RAIZ/PARTE AÉREA

Anova: Single Factor

SUMMARY

Groups	*Count*	*Sum*	*Average*	*Variance*
Row 1	3	0.630667	0.210222	0.000516
Row 2	3	0.596	0.198667	0.00051
Row 3	3	0.520667	0.173556	2.36E-05
Row 4	3	0.589333	0.196444	0.000809
Row 5	3	0.786667	0.262222	0.000773

ANOVA

Source of Variation	*SS*	*df*	*MS*	*F*	*P-value*	*F crit*
Between Groups	0.013055	4	0.003264	6.199977	0.008941	3.47805
Within Groups	0.005264	10	0.000526			
Total	0.01832	14				

ENSAIO DE FLAVONÓIDES TOTAIS

Anova: Single Factor

SUMMARY

Groups	*Count*	*Sum*	*Average*	*Variance*
Row 1	3	17.87879	5.959596	0.145393
Row 2	3	12.98485	4.328283	0.754234
Row 3	3	14.16667	4.722222	0.106596
Row 4	3	12.91919	4.306397	0.432464
Row 5	3	13.27273	4.424242	0.37537

ANOVA

Source of Variation	*SS*	*df*	*MS*	*F*	*P-value*	*F crit*
Between Groups	5.833871	4	1.458468	4.019903	0.033842	3.47805
Within Groups	3.628116	10	0.362812			
Total	9.461987	14				

ENSAIO DE FENÓLICOS TOTAIS

Anova: Single Factor

SUMMARY

Groups	*Count*	*Sum*	*Average*	*Variance*
Row 1	3	70	23.33333	33.33333
Row 2	3	104	34.66667	261.3333
Row 3	3	96.2	32.06667	2.253333
Row 4	3	112	37.33333	9.333333
Row 5	3	140	46.66667	21.33333

ANOVA

Source of Variation	*SS*	*df*	*MS*	*F*	*P-value*	*F crit*
Between Groups	858.624	4	214.656	3.276324	0.058253	3.47805
Within Groups	655.1733	10	65.51733			
Total	1513.797	14				

TESTE DE FOSFATOS

Apêndice B

TABELA DE TESTES DE DIFERENÇAS MENOS SIGNIFICATIVAS (LSD) DE FISHER

Fisher Least Significant Difference (LSD) Method					
Family Conf. Int.=75.51%, Individual Conf. Int.=95%					
Comparisons	Diff. in Means	LSD	LCon	UCon	Sig Diff.?
T1 - T2	-0.02833	0.665	-0.693	0.637	No
T1 - T3	-0.893	0.665	-1.558	-0.228	Yes
T1 - T4	-0.87767	0.665	-1.543	-0.213	Yes
T1 - T5	-0.56267	0.665	-1.228	0.102	No
T2 - T3	-0.86467	0.665	-1.530	-0.200	Yes
T2 - T4	-0.84933	0.665	-1.514	-0.184	Yes
T2 - T5	-0.53433	0.665	-1.199	0.131	No
T3 - T4	0.015333	0.665	-0.650	0.680	No
T3 - T5	0.330333	0.665	-0.335	0.995	No
T4 - T5	0.315	0.665	-0.350	0.980	No

Há provas de que alguns pares de médias são diferentes.

ENSAIO DE PESO FRESCO

Fisher Least Significant Difference (LSD) Method					
Family Conf. Int.=75.51%, Individual Conf. Int.=95%					
Comparisons	Diff. in Means	LSD	LCon	UCon	Sig Diff.?
T1 - T2	-0.00783	0.172	-0.180	0.164	No
T1 - T3	-0.2642	0.172	-0.436	-0.092	Yes
T1 - T4	-0.17563	0.172	-0.348	-0.004	Yes
T1 - T5	-0.0223	0.172	-0.194	0.150	No
T2 - T3	-0.25637	0.172	-0.428	-0.084	Yes
T2 - T4	-0.1678	0.172	-0.340	0.004	No
T2 - T5	-0.01447	0.172	-0.187	0.158	No
T3 - T4	0.088567	0.172	-0.084	0.261	No
T3 - T5	0.2419	0.172	0.070	0.414	Yes
T4 - T5	0.153333	0.172	-0.019	0.325	No

Há provas de que alguns pares de médias são diferentes.

ENSAIO DE PESO SECO

Fisher Least Significant Difference (LSD) Method					
Family Conf. Int.=75.51%, Individual Conf. Int.=95%					
Comparisons	Diff. in Means	LSD	LCon	UCon	Sig Diff.?
T1 - T2	2.666667	3.546	-0.880	6.213	No
T1 - T3	2.333333	3.546	-1.213	5.880	No
T1 - T4	3.333333	3.546	-0.213	6.880	No
T1 - T5	3.666667	3.546	0.120	7.213	Yes
T2 - T3	-0.33333	3.546	-3.880	3.213	No
T2 - T4	0.666667	3.546	-2.880	4.213	No
T2 - T5	1	3.546	-2.546	4.546	No
T3 - T4	1	3.546	-2.546	4.546	No
T3 - T5	1.333333	3.546	-2.213	4.880	No
T4 - T5	0.333333	3.546	-3.213	3.880	No

Há provas de que alguns pares de médias são diferentes.

TESTE DO COMPRIMENTO DA RAIZ

Fisher Least Significant Difference (LSD) Method					
Family Conf. Int.=75.51%, Individual Conf. Int.=95%					
Comparisons	Diff. in Means	LSD	LCon	UCon	Sig Diff.?
T1 - T2	10.59259	6.957	3.636	17.549	Yes
T1 - T3	14.77778	6.957	7.821	21.735	Yes
T1 - T4	10.96296	6.957	4.006	17.920	Yes
T1 - T5	8.666667	6.957	1.710	15.624	Yes
T2 - T3	4.185185	6.957	-2.772	11.142	No
T2 - T4	0.37037	6.957	-6.587	7.327	No
T2 - T5	-1.92593	6.957	-8.883	5.031	No
T3 - T4	-3.81481	6.957	-10.772	3.142	No
T3 - T5	-6.11111	6.957	-13.068	0.846	No
T4 - T5	-2.2963	6.957	-9.253	4.661	No

Há provas de que alguns pares de médias são diferentes.

ENSAIO DE FLAVONÓIDES TOTAIS

Fisher Least Significant Difference (LSD) Method					
Family Conf. Int.=75.51%, Individual Conf. Int.=95%					
Comparisons	Diff. in Means	LSD	LCon	UCon	Sig Diff.?
T1 - T2	1.631313132	1.096	0.535	2.727	Yes
T1 - T3	1.237373737	1.096	0.142	2.333	Yes
T1 - T4	1.653198653	1.096	0.557	2.749	Yes
T1 - T5	1.535353535	1.096	0.440	2.631	Yes
T2 - T3	-0.39393939	1.096	-1.490	0.702	No
T2 - T4	0.021885521	1.096	-1.074	1.118	No
T2 - T5	-0.0959596	1.096	-1.192	1.000	No
T3 - T4	0.415824916	1.096	-0.680	1.512	No
T3 - T5	0.297979798	1.096	-0.798	1.394	No
T4 - T5	-0.11784512	1.096	-1.214	0.978	No

Há provas de que alguns pares de médias são diferentes.

ENSAIO DE FENÓLICOS TOTAIS

Fisher Least Significant Difference (LSD) Method					
Family Conf. Int.=75.51%, Individual Conf. Int.=95%					
Comparisons	Diff. in Means	LSD	LCon	UCon	Sig Diff.?
T1 - T2	-11.3333	14.726	-26.059	3.392	No
T1 - T3	-8.73333	14.726	-23.459	5.992	No
T1 - T4	-14	14.726	-28.726	0.726	No
T1 - T5	-23.3333	14.726	-38.059	-8.608	Yes
T2 - T3	2.6	14.726	-12.126	17.326	No
T2 - T4	-2.66667	14.726	-17.392	12.059	No
T2 - T5	-12	14.726	-26.726	2.726	No
T3 - T4	-5.26667	14.726	-19.992	9.459	No
T3 - T5	-14.6	14.726	-29.326	0.126	No
T4 - T5	-9.33333	14.726	-24.059	5.392	No

Há provas de que alguns pares de médias são diferentes.

TESTE DE FOSFATOS

Apêndice C

CORRELAÇÃO DE PEARSON

PEARSONCORRELATION	Total Phenolic	Total Flavonoid	Phosphate Content
Fresh Weight	R=-0.494	R=-0.623	
Total Flavonoid	R=0.796		
Phosphate Fertilizer			R=0.922

APÊNDICE D

CURVAS-PADRÃO DE ANTIOXIDANTES E FOSFATOS

I. Curva-padrão do ácido gálico para o teor de ácido fenólico total

Gallic acid concentration mg/L	0	100	200	300	400	500
Deionized distilled water (ddH_2O)	500	400	300	200	100	0
Gallic acid 100 mg/L (µL)	0	100	200	300	400	500

Padrão:

500 µL de ácido gálico foram adicionados a 800 µL de dH_2O e misturados com 100 µL de reagente Folin- Ciocalteau (incubar à temperatura ambiente durante 3min). Em seguida, foram adicionados

300 µL de Na_2CO_s (20 %w/v) e incubados durante 2h à temperatura ambiente, tendo sido registada a absorvância a 765 nm. Cada concentração foi efectuada em triplicado.

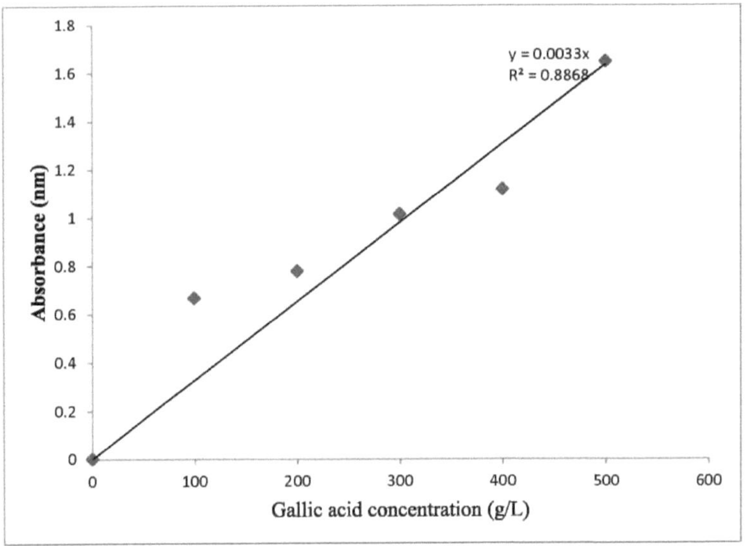

Curva padrão de ácido gálico para o teor de fenólicos totais.

2. Curva-padrão de quercetina para o teor total de flavonóides

Quercetin concentration (100 µg/mL)	0	10	20	40	60	80	100
Deionized distilled water	100	90	80	60	40	20	0

Padrão:

100 µL de Quercetina foram adicionados a 150 µL de NajNOa (5% p/v) (incubado à temperatura ambiente durante 6 min). Em seguida, 150 µL de AICI3 6H2O (10% p/v) foram adicionados c incubados por 6 min à temperatura ambiente. 800 µL de NaOH (10% p/v) foram adicionados e incubados por 15 min à temperatura ambiente). A absorvância a 510 nm foi registada.

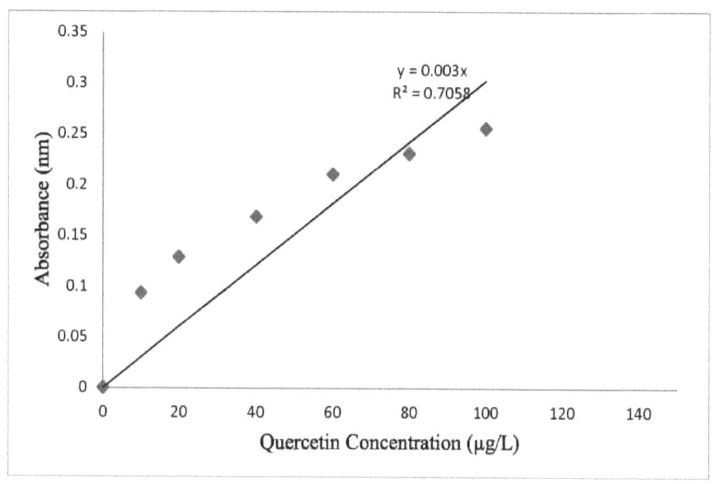

Curva-padrão de quercetina para o teor total de flavonóides.

Curva-padrão de fosfato de 3-potássio para teor de fosfato

Potassium phosphate(mg/L)	0	20	40	60	80	100
Deionized distilled water	100	80	60	40	20	0

Padrão:

Adicionaram-se 90 µL de fosfato de potássio a 210 µL de solução de teste (mistura de seis partes de molibdato de amónio a 0,42 % em H2SO4 1 N e uma parte de ácido ascórbico a 10 % em água). A mistura foi incubada durante 1 h a 37 C. As amostras foram preparadas numa placa de 96 poços e as absorvâncias a 820 nm foram registadas.

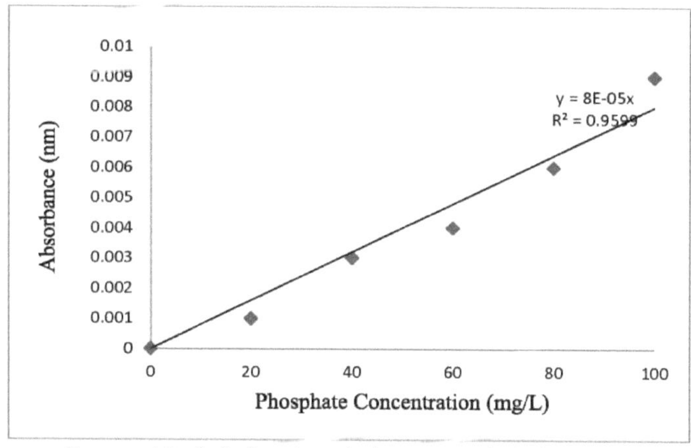

Curva-padrão de fosfato de potássio para teor de fosfato

Printed by Books on Demand GmbH, Norderstedt / Germany